中国西南农村能源生态建设发展分析

王文国　赵　琦　汤晓玉　祝其丽　等　著

U0389183

科学出版社

北京

内 容 简 介

　　本书对我国西南农村能源生态建设的发展进行了系统分析与总结。主要内容包括绪论、西南地区农村发展概况、西南地区种植业与畜禽养殖业发展情况、西南地区农村能源消费发展分析、西南地区农村能源生态建设技术体系、西南地区典型能源生态模式、农村能源生态建设管理服务体系和农村能源生态建设补偿机制与发展前景分析。本书内容对我国的能源生态建设、畜禽粪污资源化利用和种养循环农业的发展有重要的参考价值与借鉴意义。

　　本书可供农村环境、农村能源、生态农业等相关领域的工程技术人员、科研人员和管理人员、高等院校相关专业师生参考阅读使用。

图书在版编目（CIP）数据

中国西南农村能源生态建设发展分析 / 王文国等著. —北京：科学出版社，2020.3

ISBN 978-7-03-056247-0

Ⅰ．①中… Ⅱ．①王… Ⅲ．①农村能源－生态农业建设－研究－西南地区 Ⅳ．①S21

中国版本图书馆 CIP 数据核字（2018）第 003633 号

责任编辑：郑述方 / 责任校对：彭　映
责任印制：罗　科 / 封面设计：墨创文化

科 学 出 版 社 出版

北京东黄城根北街 16 号
邮政编码：100717
http://www.sciencep.com

成都锦瑞印刷有限责任公司 印刷

科学出版社发行　各地新华书店经销

*

2020 年 3 月第 一 版　开本：787×1092　1/16
2020 年 3 月第一次印刷　印张：12 1/2
字数：300 000

定价：108.00 元

（如有印装质量问题，我社负责调换）

前　言

我国的农村能源生态建设因农村贫困问题从民间发起,在中央和地方各级政府的支持下取得了长足的发展。沼气技术是农村能源生态建设的核心技术,在缓解农村能源短缺、改善农村环境与卫生条件、转变农业发展方式、推进农业农村节能减排及保护生态环境等方面发挥了重要作用。近年来,随着农业生产方式、农村居住和农民用能方式等的转变,以及农业资源过度开发、农村环境日益恶化等问题日益凸显,农村能源生态建设的重心正逐步转移到农业生态环境保护上来。沼气等农村能源利用技术在进行畜禽养殖废弃物和种植废弃物无害化处理的同时也提供了清洁能源与优质肥料,促进了农业生态环境的改善和种养结合循环农业的发展。

然而,目前我国农村的能源贫困问题依然存在,仍有很大一部分地区的农村居民难以负担全部使用电能等清洁燃料作为生活用能,柴草等低品质燃料仍占很大的比例,经济、方便的清洁能源仍是农民所亟须的。此外,畜禽粪便和秸秆是目前阻碍我国农村环境改善与农业发展的两大难题,燃料化和肥料化利用是其两大出路。沼气等农村能源技术可以将农业废物处理、清洁燃料和有机肥料等单元有机结合起来,仍有广泛的用武之地。农村能源生态建设将会继续在我国的现代农业发展、农村生态文明建设和乡村振兴等方面发挥重要的作用。

农村能源生态建设受经济、气候和生活习惯等因素的影响较大。我国幅员辽阔,不同地区间农村能源生态建设具有一定的差异。西南地区是我国农村能源生态建设发展较早,也是发展较好的地区。该地区物产丰富、地形复杂多样,勤劳智慧的人民因地制宜,创造了多种农村能源生态建设的模式。本书对气候条件和生活习性较为类似,地处长江上游经济带的重庆、四川、贵州和云南四个省(直辖市)的农村能源生态建设在系统调研的基础上进行了分析总结。首先介绍了农村能源生态建设的基本概念和理论基础,分析了我国农村能源生态建设的主要发展历程。然后在对西南地区基本概况、种植业和畜禽养殖业发展情况、农村生活用能发展情况进行分析的基础上,结合实地调研情况,总结了西南地区农村能源生态建设的模式、管理服务体系和生态补偿情况,凝炼出几种发展较好的能源生态模式,对存在的问题提出针对性的建议,对农业生态建设的发展前景进行了预测分析,以期对我国西南地区乃至全国的农村能源生态建设和农业可持续发展提供一定的参考。

我国的农村能源生态建设先后经历了庭院型、社区型、农场/园区型能源生态模式的发展。提升能源生态建设的产品和服务价值,构建产品/服务型能源生态模式是当前的发展趋势。沼液等能源生产副产物的利用不畅是当前能源生态模式建设存在的主要问题,笔者在调研总结西南地区能源生态建设的基础上凝炼出"就近自用,以种定养,种养自结合;异地他用,有偿转运,种养小循环;市场商用,价值提升,种养大平衡"三种沼液利用模式。

　　本书是在农业部（现为农业农村部）农村能源综合建设项目资助下开展调研和资料收集工作的，后来在中国农业科学院科技创新工程、国家生猪产业技术体系等相关项目的支持下对西南地区的能源生态建设进行了广泛的调研和分析。本书共 8 章，由农业农村部沼气科学研究所王文国、汤晓玉、祝其丽、姜娜和成都大学科研处赵琦共同完成，第 1 章由王文国撰写，第 2 章和第 3 章由赵琦撰写，第 4 章由王文国、姜娜撰写，第 5 章由祝其丽撰写，第 6 章由王文国、汤晓玉、祝其丽、赵琦撰写，第 7 章由汤晓玉撰写，第 8 章由汤晓玉、王文国撰写，王文国对全书进行了统稿。农业农村部沼气科学研究所胡启春研究员参与了本书的策划和部分调研工作，邓良伟研究员对本书的撰写提出了宝贵意见，雷云辉研究员、何明雄研究员对本书的调研工作提供了大量帮助。四川师范大学马丹炜教授、成都大学李锐老师、农业农村部沼气科学研究所和成都大学研究生姜奕圻、祁步凡、王虹、张甜甜、赵昆炀、蒋小妹、李俊、伍佩珂等参与了部分数据及图片收集工作。笔者在本书的调研工作中得到了云南、贵州、四川和重庆等地各级农村能源管理部门的大力支持，云南农沼环保工程有限公司也对调研工作给予了很大的帮助，在此一并表示感谢！

　　本书虽然经过多次修改，但是由于作者水平有限，书中不足和疏漏在所难免，欢迎批评指正。

著　者

2018 年 12 月于成都

目 录

1 绪论 ………………………………………………………………………………… 1
  1.1 农村能源生态建设的理论基础 ……………………………………………… 1
    1.1.1 农村能源生态建设的概念 ……………………………………………… 1
    1.1.2 农村能源生态建设的基本原理 ………………………………………… 4
    1.1.3 农村能源生态系统服务功能 …………………………………………… 7
  1.2 发展农村能源生态工程的基础 ……………………………………………… 8
    1.2.1 农村能源生产体系与用能结构 ………………………………………… 8
    1.2.2 农村可能源化废弃物类型及其利用技术 …………………………… 10
  1.3 农村能源生态建设的必要性分析 ………………………………………… 10
    1.3.1 农村能源生态建设与农业可持续发展 ……………………………… 10
    1.3.2 农业循环经济发展的需求 …………………………………………… 12
    1.3.3 农村环境综合整治的需求 …………………………………………… 13
    1.3.4 乡村振兴战略实施的需求 …………………………………………… 14
  1.4 我国农村能源生态建设发展回顾 ………………………………………… 14
    1.4.1 能源生态建设在我国的发展历程 …………………………………… 14
    1.4.2 农村能源生态建设的发展特点 ……………………………………… 21
2 西南地区农村发展概况 ……………………………………………………… 23
  2.1 西南地区自然条件与社会发展概况 ……………………………………… 23
    2.1.1 自然条件 ……………………………………………………………… 23
    2.1.2 自然资源 ……………………………………………………………… 25
    2.1.3 社会发展概况 ………………………………………………………… 29
  2.2 西南地区农村发展现状 …………………………………………………… 32
    2.2.1 农村人口变化 ………………………………………………………… 32
    2.2.2 农村居民收入与消费 ………………………………………………… 34
  2.3 西南地区农村环境概况 …………………………………………………… 35
    2.3.1 西南地区主要污染物排放 …………………………………………… 35
    2.3.2 农业面源污染 ………………………………………………………… 35
    2.3.3 农村生活污染 ………………………………………………………… 40
    2.3.4 水土流失 ……………………………………………………………… 41
  2.4 小结 ………………………………………………………………………… 42
3 西南地区种植业与畜禽养殖业发展情况 ………………………………… 43
  3.1 西南地区种植业发展分析 ………………………………………………… 43

　　　3.1.1　西南地区种植业在全国的地位 ···································43
　　　3.1.2　种植结构 ···45
　　　3.1.3　种植业化肥施用情况 ···49
　　　3.1.4　土地流转 ···49
　3.2　西南地区畜禽养殖业发展分析 ···51
　　　3.2.1　西南地区畜禽养殖业在全国的地位 ·····························51
　　　3.2.2　畜禽养殖业的发展趋势 ···52
　3.3　西南地区农业废弃物资源量分析 ·······································55
　　　3.3.1　秸秆资源量 ···55
　　　3.3.2　畜禽粪便资源量 ···58
　3.4　小结 ···60
4　西南地区农村能源消费发展分析 ···61
　4.1　西南地区农村能源消费情况 ···61
　　　4.1.1　农村生产用能 ···61
　　　4.1.2　农村生活用能 ···63
　　　4.1.3　农民做饭、取暖使用的能源 ·····································65
　4.2　西南地区的农村能源贫困情况分析 ·····································68
　　　4.2.1　西南地区农村能源贫困的现状 ···································69
　　　4.2.2　西南地区农村能源贫困变化趋势分析 ·························70
　4.3　西南地区农村生活用能分区 ···71
　　　4.3.1　四川盆地区和盆周山区 ···72
　　　4.3.2　横断山区和川西北高原 ···75
　　　4.3.3　云南高原区 ···78
　　　4.3.4　贵州高原区 ···80
　4.4　小结 ···82
5　西南地区农村能源生态建设技术体系 ···84
　5.1　能源生产、转化与利用技术 ···84
　　　5.1.1　沼气技术 ···84
　　　5.1.2　固化成型技术 ···96
　　　5.1.3　其他高效生物质能源化利用技术 ·································98
　　　5.1.4　太阳能利用技术 ···99
　　　5.1.5　其他可再生能源利用技术 ·······································101
　5.2　农村能源生产副产物利用技术 ···101
　　　5.2.1　沼渣利用技术 ···101
　　　5.2.2　沼液利用技术 ···103
　　　5.2.3　草木灰利用技术 ···108
　5.3　小结 ···109

6　西南地区典型能源生态模式 110

　　6.1　庭院型能源生态模式 110

　　　　6.1.1　散居类型 110

　　　　6.1.2　群居类型 113

　　　　6.1.3　新农村建设中散居向群居转变类型 115

　　　　6.1.4　效益与存在的问题 117

　　6.2　社区型能源生态模式 122

　　　　6.2.1　养殖场主运营类型 122

　　　　6.2.2　第三方运营类型 123

　　　　6.2.3　效益分析 129

　　　　6.2.4　存在的问题 132

　　6.3　农场、园区型能源生态模式 133

　　　　6.3.1　养殖为主的类型 133

　　　　6.3.2　种植为主的类型 139

　　　　6.3.3　产业园区种养结合型 140

　　　　6.3.4　效益与存在的问题分析 143

　　6.4　产品、服务型能源生态模式 145

　　　　6.4.1　车辆运输类型 145

　　　　6.4.2　管道运输类型 148

　　　　6.4.3　沼液产品化类型 150

　　　　6.4.4　效益与存在的问题 151

　　6.5　其他能源生态模式 152

　　　　6.5.1　能源作物 152

　　　　6.5.2　沼气技术与能源作物结合模式 153

　　6.6　小结 155

7　农村能源生态建设管理服务体系 157

　　7.1　我国农村能源生态管理体系 157

　　　　7.1.1　管理机构 157

　　　　7.1.2　人员队伍 158

　　　　7.1.3　相关法律法规与政策规划 159

　　7.2　西南地区农村能源管理模式的现状与创新 163

　　　　7.2.1　农村能源物业化管理的概念与特点 164

　　　　7.2.2　沼气物业化管理服务的典型模式 165

　　7.3　存在的问题与发展趋势分析 168

　　　　7.3.1　农村能源生态建设管理服务存在的问题 168

　　　　7.3.2　农村能源管理的发展对策 170

　　7.4　小结 171

8　农村能源生态建设补偿机制与发展前景分析 ································· 172

  8.1　我国能源生态建设的政策 ··· 172

    8.1.1　我国农村能源生态建设相关扶持政策 ······················· 172

    8.1.2　我国农村能源生态建设各级政府资金投入 ··················· 174

    8.1.3　沼气利用补贴 ··· 177

    8.1.4　基于 PPP 模式的沼肥利用补贴 ························· 179

  8.2　我国农村能源生态建设补偿机制存在的问题与新机制探索 ······· 181

    8.2.1　我国能源生态建设现有补偿政策存在的问题分析 ··········· 182

    8.2.2　我国能源生态建设的生态补偿新机制探索 ··················· 182

  8.3　农村能源生态建设产业前景分析 ····································· 184

    8.3.1　农村能源产业化发展现状 ······························· 184

    8.3.2　农村能源生态建设产业发展前景分析 ····················· 185

参考文献 ·· 187

1 绪 论

1.1 农村能源生态建设的理论基础

1.1.1 农村能源生态建设的概念

农村能源生态建设是基于可持续发展和循环经济的理论，运用生态学、经济学和系统工程学原理，以土地资源为基础，以沼气等农村能源利用技术为纽带，将种植业与养殖业结合，以实现能量流与物质流良性循环的系统工程。农村能源生态工程是农业生态工程的重要组成，是农业废弃物、能源和肥料良性利用的生态模式，具有良好的经济效益、社会效益和环境效益。

1.1.1.1 农村能源生态系统的特征

农村能源建设所构建的农村能源生态系统是一种人工生态系统，通过沼气等能源工程的纽带作用，将养殖业和种植业有机结合起来，以产生更大的效益（图 1-1）。其特点有：①社会性。即受人类社会的强烈干预和影响，人是其中最为重要的调控力量，如沼气工程是人为修建的，而且需要人的管理与维护。②不稳定性。易受各种环境因素的影响，如养殖业的市场波动影响沼气工程的原料来源，从而影响后端种植业的肥料供应。③开放性。系统

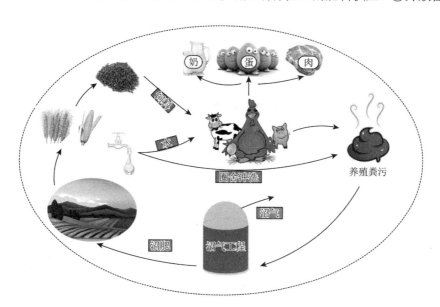

图 1-1 以沼气工程为纽带的农村能源生态模式

本身不能自给自足，依赖于外部系统，并受外部的调控，如在能源生态系统内的建设材料和水资源等都需要外部供给。④目的性。系统运行的目的不是维持自身的平衡，而是满足人类的需要，农村能源生态建设的目的主要是获取清洁能源、处理养殖业产生的废弃物和改善农村生态环境等。

1.1.1.2 农村能源生态系统的组成

生态系统是由生命系统和非生物环境两大部分组成。生命系统由生产者、消费者和分解者组成，包括植物、动物与微生物。非生物环境是生态系统的物质和能量的来源，包括生物活动的空间和参与生物生理代谢过程的各种要素，如温度、光、水、氧气、二氧化碳及各种矿物质等营养物质。人工生态系统是由自然环境（包括生物和非生物因素）、社会环境（包括政治、经济和法律等）和人类活动（包括生活和生产活动）三部分组成的网络结构（曹林奎，2011）。农村能源生态系统是一种人工生态系统，具体组成如下。

1. 自然环境部分

农村能源生态系统的自然环境部分包括生物和非生物环境。生物部分包括生产者、消费者和分解者，其中生产者主要以农作物为主，包括粮食作物、水果和蔬菜等；消费者主要是畜禽和人类；分解者包括沼气池中的厌氧微生物和环境中的其他微生物，厌氧微生物将畜禽和人类产生的粪便进行分解产生燃料供人类所用，并生成生产者可以利用的肥料。非生物环境部分包括温度、光、水、氧气、二氧化碳及各种矿物质等营养物质（图1-2）。

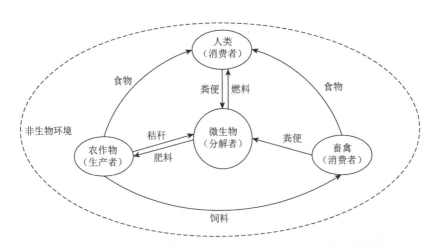

图1-2 以沼气技术为中心的农村能源生态系统的自然环境组成

2. 社会环境部分

国家的农村能源建设宏观政策对我国的农村能源生态建设具有较大的影响，从而也显著影响了农村能源生态系统的组成。我国从20世纪70年代末开始大力发展户用沼气，产生了"猪-沼-果""四位一体"等农村能源生态模式。随着经济社会的发展,大中型沼气工程受到政府的扶持,因而形成了就地就近循环的农场模式,目前随着一些特大型沼气工程、生物天然气工程的建设,我国的能源生态模式正在发生着变化。

经济是影响农村能源生态建设的另一大因素,如畜禽养殖市场的波动影响沼气发酵的原料供应,甚至会导致部分养殖企业倒闭,从而使沼气工程被废弃。

3. 人类活动部分

农村能源生态系统是人为构建的生态系统,受人类活动的影响较大,其主要包括人类生活和人类生产两个方面。在生活方面,人类的用能结构影响能源生态系统的建设,电能和天然气等对沼气冲击较大。在生产方面,养殖和种植方式是农村能源生态的重要组成,散户养殖减少和化肥的大量使用对农村能源生态的冲击较大。

1.1.1.3　农村能源生态系统的结构

生态系统结构主要包括组分结构、空间结构、时间结构和营养结构四个方面。农村能源生态系统的结构组成如下。

组分结构包括物种组成和环境组成,农村能源生态系统的物种组成包括种植物种组成、养殖物种组成等,环境组成包括地形地貌、气候等。

空间结构包括平面结构和垂直结构,农村能源生态系统的平面结构指种植区、养殖场、沼气工程等的平面构成;垂直结构是指沼气工程的立体组合、种植业中的套种等。生物与环境合理的搭配利用有助于最大限度地利用光、热、水等自然资源,提高生产力,沼气工程的合理选址在种养结合过程中非常重要。

时间结构指在生态区域与特定的环境条件下,各种生物种群生长发育及生物量的积累与当地自然资源协调吻合状况。在以沼气技术为中心的能源生态系统中,沼液产生的持续性与作物施肥间断性之间的矛盾突出。

营养结构是以营养为纽带,把生物和非生物紧密结合起来的功能单位,构成以生产者、消费者和分解者为中心的三大功能类群,它们与环境之间发生密切的物质循环和能量流动。在农村能源生态系统,养殖业中的动物进食饲料,产生的粪便含有大量的有机物、氮、磷等物质,厌氧微生物可以对粪便中的有机物进行利用以产生沼气,而剩余的氮、磷等物质可以作为种植业的肥料。

1.1.1.4　农村能源生态系统的基本功能

农村能源生态系统的能量流、物质流、信息流和价值流相互交织。能量、信息和价值都依附于一定的物质形态,物质流靠能量流驱动,信息流调节着能量流和物质流使系统更加协调和稳定(杨京平等,2009)。农村能源生态系统的能量包括太阳能和辅助能;人力、畜力、有机肥、沼气等生物能;煤、石油、天然气等工业能;风能、水能等自然能(图1-3)。物质流方面包括碳、氮等元素的流动,如氮素在沼气发酵过程中会从有机态转化为无机态,利于作物的吸收。农村能源生态系统是一种人工生态系统,会有一定劳动的社会资源投入,沼气、沼肥等可以被出售,形成价值流,如集中供气模式,沼气工程产生的沼气可以卖给周边农户产生价值,肥料也可以出售产生价值。信息流贯穿于整个农村能源生态系统。

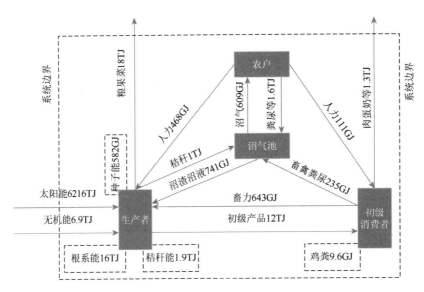

图 1-3　农村能源生态系统中的能量流（卞有生，1999）

1.1.2　农村能源生态建设的基本原理

农村能源生态工程是生态农业工程的重要组成,其建设是从系统思想出发,按照生态学、经济学和工程学的原理,运用现代科学技术成果和管理手段及传统农业的专业技术经验,以获得较高的经济、社会和生态效益为目的。

1.1.2.1　生态学原理

1. 生态位原理

生态位是生物种群所占据的基本生活单位,每一种生物在多维的生态空间中都有理想的生态位,每一种环境因素都给生物提供了现实的生态位,这迫使生物不断地适应环境,调节自己的理想生态位,实现生物与环境的平衡。农业生态系统是半人工或人工的生态系统,人为的干扰使其物种单一,从而使其产生了较多的空白生态位。因此,在农业生态工程设计中应合理地利用生态位原理,把适宜的有经济价值的物种引入系统中,填充空白生态位,并充分利用高层次空间生态位,使有限的光、热和水肥资源得到合理的利用,最大限度地减少资源浪费,增加生物量与产量(杨京平等,2009)。农村能源生态系统的建设就是在种植与养殖之间人工引入厌氧微生物菌群,将有机废弃物进行分解,以获取能量和肥料。另外,厌氧过程也可以杀死杂草种子、病原菌和蛔虫卵等。

2. 限制因子原理

生态环境中的生态因子如果超过生物的适应范围,对生物就有一定的限制作用,只有当生物与其居住环境条件高度相适应时,生物才能最大限度地利用环境的优越条件,并表现出最大的增产潜力(杨京平等,2009)。温度是沼气发酵主要限制因子之一,在沼气发酵过程中,不同微生物类群对温度的要求不同,嗜中温产酸菌最适生长温度为25~35℃,嗜中温产甲烷古菌最适温度为48~55℃。在工程设计中以中温发酵(35℃)为主,一般需要采取保温措施。另外,沼气发酵也受氧化还原电位、pH 和氢分压等因素的影响。

3. 食物链原理

自然生态系统中由生产者、消费者和分解者所构成的食物链是一条能量转化链、物质传递链,也是一条价值增值链(杨京平等,2009)。在农村能源生态建设中农作物可以提供畜禽养殖的饲料,养殖产生的粪便可以制取沼气,沼渣沼液还田可供农作物利用。利用沼气技术将种植与养殖结合起来,以产生更大的效益。

4. 整体效应原理

系统是由相互作用和相互联系的若干组成部分结合而成的有特定功能的整体,各组分之间相互联系、依赖和制约。农业生态工程建设达到整体效应最好要做到能量流转化率高,物质循环规模大,信息流畅,价值流显著增加,因而需要合理调配各个生产部门,以提高总体生产力(杨京平等,2009)。在能源生态系统中,养殖业规模与沼气工程规模、种植业规模相适应。种植与养殖的集约化水平不匹配,养殖场沼气工程周边没有足够消纳沼液的土地是目前农村能源生态建设面临的主要问题之一。

5. 效益协调统一原理

农业生态系统是一个社会-经济-自然复合生态系统,是自然再生产和经济再生产交织的复合生产过程,具有多种功能与效益,既有自然的生态效益,又有社会的经济效益,只有生态效益与经济效益相互协调,才能发挥系统的整体综合效益(杨京平等,2009)。农村能源生态建设就是通过沼气技术将农业废弃物处理的经济效益与环境效益有机结合在一起。

1.1.2.2 工程学原理

"整体、协调、循环、再生"是农业生态建设的核心,也是农村能源生态建设的核心。生态农业工程要求在一定区域内因地制宜建立多层次、多功能的农业生态系统,不断提高太阳能转化为生物能的效率和生态系统的物质转化效率以及农产品的产量和质量,以少的投资获得高的经济效益,是农业生态系统保持良性循环,资源能源持续利用的农业生产技术体系(杨京平等,2009)。农村能源生态建设是利用沼气等农村能源技术将养殖业和种植业结合起来,形成一个协调的整体,以实现养殖废弃物的循环再利用。

1. 整体协调优化原理

农村能源生态建设是一个系统工程，需要将所有研究的对象看成一个系统，对系统进行规划、组织和管理，以获得良好的效益，解决养殖业的废弃物处理问题、农村能源问题和种植业肥料来源问题。从工程学理论的角度出发，构建生态和谐农村能源生态系统工程需要考虑系统的整体性、综合协调性，将所有的对象作为一个整体进行分析、设计和运营，利用数学、运筹学等工具进行优化分析、模型化设计，通过物质多层次循环利用，使种植业、养殖业、微生物等之间相互协调、互相促进，实现农业的可持续发展。沼气工程的设计、建设与管理运行是农村能源生态建设的核心，在设计建设过程中既需要考虑养殖业粪污的产生量，也需要考虑种植业部分的对沼肥的消纳能力，同时还需要考虑产生的沼气的出路问题。

2. 自然调控原理

农村能源生态系统是一种人工的生态系统，既受自然规律的支配，又受到社会经济规律的调节，是自然调控与人工调控的组合。

生态系统的自然调控是指生态系统受到干扰后能维持稳定，恢复到原态的稳态调控能力。农村能源生态系统种植业部分、养殖业部分和能源利用部分都有承受一定外界干扰，自我调整、自我修复的能力，如可以耐受一定程度的自然胁迫、病害等。沼气发酵微生物对发酵底物有较强的适应能力，既可以消解粪便、秸秆等农业废弃物，也可以消解有机垃圾等，这使农村能源生态系统开放性和缓冲性增强。

3. 人工调控原理

农村能源生态系统是人工构建的生态系统，其构建的目的是通过人工调控在达到良好的生态效益的基础上实现良好的经济效益和社会效益。因此，其建设与调控必须以自然生态系统稳定性的调节机制为基础，人工调节必须与系统内部的自然调控相互结合。人工调控可以通过对环境、生物组成和系统结构的单一或复合调控，改善生态环境，优化物种组成和系统结构，以满足生物生长发育的需要，改善系统中能量与物质的流动与分配，增强系统的功能，达到最佳的生态效益、社会效益和经济效益。农村能源生态系统的构建通常以养殖业废弃物的产生量为主要变量因子进行设计，但是在运行过程中可能会受到技术、市场等因素的影响，需要从养殖结构、沼气发酵工艺、种植机构等方面进行调整，以保证良好的效益产生。

1.1.2.3　经济学原理

1. 农业资源价值理论

农村能源生态建设的实质是以土地资源为生产场所，以动物、植物、微生物为机器，运用生物技术手段结合市场和国家的需求，将土地资源、水资源、气候资源和生物资源等农业自然资源，劳动力、农业技术装备、农业基础设施等农业经济资源，转化为各种农业产品，实现自然再生产和经济再生产的转化，达到一定的经济、环境和社会目标的过程。农业资源的开发是农村能源生态建设的根本，与其他资源开发相同，需要考虑其开发的环境效应和经济效应，寻求经济和生态之间的平衡。同时，农村能源生态建设注重资源循环利用，以减少系统的污染排放和提高废弃物的资源化利用率为目的，使经济活动对环境的影响降低到尽可能小的程度，降低经济发展的外部成本，以实现经济效益的最大化。农村能源生态建设要占用一定的农业资源，需要考虑其投入与产出，产生一定的经济效益，以维持其运行。

2. 生态经济理论

农村能源生态建设符合生态经济学理论。实现生态与经济的协调发展和可持续发展是生态经济学理论的核心。农村能源生态建设目的是促进农村经济的发展和农民生活水平的提高，以废弃物的综合利用为核心，有效地保护农村生态环境。

1.1.3　农村能源生态系统服务功能

生态系统服务功能是指人类从生态系统中获得的效益。生态系统具有多种多样的服务功能，各功能之间互相联系、相互作用。联合国《千年生态系统评估综合报告》根据评价与管理的需要将生态系统服务功能分为四大类：供给服务、调节服务、文化服务和支持服务（李文华，2008）。农村能源生态系统作为人工构建的生态系统也具有这四方面的功能（图1-4）。

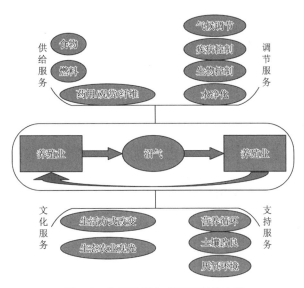

图 1-4　农村能源生态系统服务功能

1. 供给服务

供给服务是指生态系统给人类提供的产品，包括食物、淡水、燃料、纤维、遗传资源、药用资源和观赏资源。农村能源生态系统以农村沼气为纽带连接种植业和养殖业，供给服务内容根据种植业和养殖业的构成不同可以产生较大的变化，在食物方面，可以提供粮食、蔬菜、水果和肉制品等，是否能够提供纤维、药用资源和观赏资源的供给服务取决于种植业中的种植内容。在燃料方面，一方面，沼气池产生的沼气可以用于燃烧；另一方面，种植业产生的秸秆等既可以作沼气发酵的原料，又可以直接用于燃烧。

2. 调节服务

生态系统的调节服务是指人类从系统调节过程中获取的效益，包括气候调节、疾病控制、水净化和生物控制等。在气候调节方面，农村能源生态系统的农村沼气池通过厌氧发酵过程产生沼气（甲烷含量 60%），燃烧甲烷转化为二氧化碳可以降低温室气体的排放当量。种植业中的绿色植物也起着重要的气候调节作用。

在疾病控制方面，沼气技术对蛔虫卵、血吸虫卵及尾蚴有明显的杀灭作用，能有效预防常见传染病的发生，沼气建设及其综合利用在农村公共卫生工作中具有十分重要的作用（王定海等，2012；孙建国等，2006）。

在水净化方面，沼气发酵过程可以有效地削减养殖废水中的有机物，沼肥在种植业中的综合利用可以有效控制面源污染。

在生物控制方面，沼气发酵过程可以有效地杀灭一些人类、动植物的病原、病害生物，如蛔虫卵、血吸虫、植物病毒等（Liang et al.，2007；Liu et al.，2015）。

3. 文化服务

农村能源生态系统的文化服务主要表现在改善农村卫生条件、改变农村生活方式和提供生态农业观光场所等方面。

4. 支持服务

支持服务是产生所有其他生态系统服务功能所必需的，其对人们产生的影响是间接的或者经过很长时间才出现的，而供给服务、调节服务和文化服务对人们的影响相对直接且出现时间较短。沼气发酵过程有利于缩短营养成分的改变时间，对营养循环和土壤改良有重要的作用。

1.2　发展农村能源生态工程的基础

1.2.1　农村能源生产体系与用能结构

农村能源生态建设是以农村能源利用为纽带的，农村能源生产体系是建设农村能源生态工程的基础。虽然目前所有的能源都能在农村地区获得，但是农村能源生态建设的能源以原地生产后可以直接利用的为主，包括薪柴与秸秆等传统生物质能，也包括沼气、燃料乙醇、生物柴油、固化成型燃料等新型生物质能和水能、风能、太阳能等可再生能源（图 1-5）。

薪柴和秸秆曾经在很长时期内作为人类的主要能源，也一直是我国农村生活能源消费的主体，导致能量的利用效率低下，优质能源所占比例小。薪柴主要来源于林业生产采伐剩余物和薪炭林，秸秆来源于农作物生产剩余物。省柴节煤灶、节能炉、节能炕和燃池等技术的发展有效地提高了薪柴和秸秆直燃的效率。固化成型技术、秸秆热解和秸秆沼气等技术使秸秆的运输和燃烧更方便。

小型的太阳能、风能和水能利用技术也在我国农村地区迅速发展。在太阳能利用方面以太阳能热水器为主，小型光伏发电、太阳灶和太阳房在我国一些地区也迅速发展。在风能和水能利用方面，以小型风力发电和微型水力发电为主。

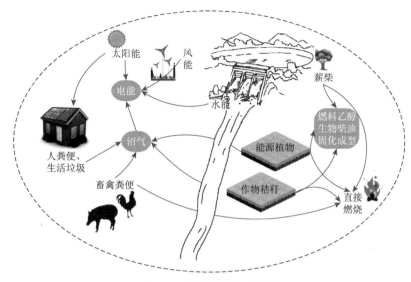

图 1-5 农村能源生产体系

沼气技术广泛用于我国农村废弃物的处理利用,在改善农村生态环境和农村能源消费等方面发挥了重要作用。

农村能源消费主要包括生活用能与生产用能,其中,生活用能包括炊事、取暖、照明和家用电器等,生产用能包括种植业用能、养殖业用能及农产品初加工用能等。秸秆和薪柴是传统的生活用能,主要用于炊事和取暖,而效率低是传统炉灶存在的主要问题。我国一直重视节能炉灶的发展,随着固化成型技术的成熟,秸秆和薪柴的利用效率进一步提高。沼气技术在我国发展迅速并可用于炊事、照明和取暖,以及养殖中仔猪的取暖等。电力技术可以广泛用于农村生活生产用能,化石能源中液化石油气和天然气较多用于生活用能,煤炭和成品油较多用于生产用能(图 1-6)。

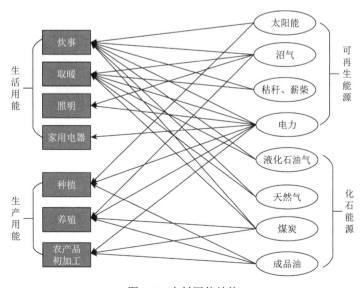

图 1-6 农村用能结构

1.2.2　农村可能源化废弃物类型及其利用技术

废弃物能源化利用是农村能源生态建设的核心。农村地区可以进行能源化利用的主要有畜禽养殖废弃物、秸秆、部分生活废弃物和部分农产品初加工废弃物。

1. 畜禽养殖废弃物

目前，我国每年畜禽养殖产生粪污约 38 亿吨，其中 40%未被有效处理利用，是造成农业面源污染的重要原因，也是农村环境治理的一大难题。畜禽粪污的能源化利用是对其进行资源化综合利用的重要组成部分。制取沼气和生物天然气是其主要处理的方向。

2. 秸秆

我国每年产生秸秆近 9 亿吨，未被利用的约 2 亿吨（王艺鹏等，2017）。其能源化利用方式主要有沼气化利用、固化成型燃料和秸秆气化等。

3. 生活废弃物

与城市生活垃圾相比，农村生活垃圾具有成分相对简单、有机垃圾所占比例大（55%～72%）、含水率高（≥60%）的特点，更适合被能源化利用（黄爱玲等，2015）。沼气技术是其能源化利用的主要方向。农村生活垃圾可以直接进入户用沼气池，也可以被收集后集中进行沼气发酵。

4. 农产品初加工废弃物

我国的农产品加工废弃物的种类繁多，按加工主产物和有机质含量主要分为富糖类、富脂质类、富蛋白类及富纤维类等。富糖、富脂质、富蛋白类废弃物，如蔬菜初加工废弃物、甘蔗渣、菇渣、啤酒糟、酱油糟和木薯渣等可以进行沼气化利用。而富纤维类如木屑等可以采用固化成型燃料技术进行利用（麻明可，2015）。

1.3　农村能源生态建设的必要性分析

1.3.1　农村能源生态建设与农业可持续发展

农业是我国经济发展的基础产业，农业的可持续发展是保证我国国民经济长远发展的必要条件。我国在努力建设农业现代化的同时更加注重对生态环境的保护，维持农业可持续发展。

1. 农业可持续发展的内涵

农业可持续发展是 20 世纪 80 年代初，欧美等发达国家和地区的科学家提出的。1991年 4 月，联合国粮食及农业组织（Food and Agriculture Organization，FAO）与荷兰政府联合召开农业与环境国际会议，将农业可持续发展定义为：采取某种使用和维护自然资源的方式，实行技术变革和体制改革，以确保当代人类及其后代对农产品的需求得到满足，这种可持续的农业能永续利用土地、水和动植物的遗传资源，是一种环境永不退化、技术上应用恰当、经济上能维持下去、社会能够接受的农业（彭珂珊，2001）。

我国 1994 年制定的《中国 21 世纪议程——中国 21 世纪人口、环境与发展白皮书》将中国农业可持续发展进一步明确定义为：保持农业生产率稳定增长，提高食物生产和保障食物安全，发展农村经济，增加农民收入，改变农村贫困落后的状况，保护和改善农业生态环境，合理、永续地利用自然资源，特别是生物资源和可再生资源，以满足逐年增长的国民经济发展和人民生活的需要。从农业资源角度来理解，农业可持续发展就是充分开发、合理利用一切农业资源，合理地协调农业资源承载力和经济发展的关系，提高资源转化率，使农业资源在时间和空间上被优化配置以达到农业资源永续利用，使农产品能够不断满足当代人和后代人的需求。

农业可持续发展是一种把产量、质量、效益与环境综合起来安排农业生产的农业模式，它用生态学、经济学和社会学等学科来评价农业系统是否持续、协调地发展。其内涵包括两个主要方面：一是在不损害后代利益的前提下，实现当代人对农产品供求平衡；二是保护资源的供需平衡和环境的良性循环。

2. 我国农业可持续发展的成就与挑战

我国农业农村经济发展成就显著，现代农业加快发展，物质技术装备水平不断提高，农业资源环境保护与生态建设支持力度不断加大，农业可持续发展取得了积极进展。农业综合生产能力和农民收入也持续增长。从 2004 年开始一直到 2015 年，我国粮食产量实现"十二连增"，农民收入也持续增长。农业资源利用水平稳步提高。农业生态保护建设力度不断加大。全国农业生态恶化趋势初步得到遏制、局部地区出现好转。农村人居环境逐步改善。

但是作为一个农业大国，农业依然是我国国民经济发展的薄弱环节，基础脆弱的状况并没有改变。在我国农业农村经济取得巨大成就的同时，农业资源过度开发、农业投入品过量使用、地下水超采以及农业内外源污染相互叠加等带来的一系列问题日益凸显，农业可持续发展面临重大挑战。

我国农业可持续发展在经济、社会、资源、环境四个方面发展不平衡，资源减量投入成为制约中国农业可持续发展的瓶颈，如耕地质量下降、黑土层变薄、土壤酸化、耕作层变浅等问题凸显。农业内源性污染严重，化肥、农药利用率不足三分之一，农膜回收率不足三分之二，畜禽粪污有效处理率不高，秸秆焚烧现象严重。农村垃圾、污水处理严重不足。农业农村环境污染加重的态势，直接影响了农产品质量安全。生态系统退化明显，全国水土流失面积达 295 万平方千米，年均土壤侵蚀量 45 亿吨，沙化土地 173 万平方千米，石漠化面积 12 万平方千米。另外，我国循环农业发展激励机制不完善，种养业发展不协调，农业废弃物资源化利用率较低。农业生态补偿机制尚不健全。全面反映经济社会价值的农业资源定价机制、利益补偿机制和奖惩机制的缺失和不健全，制约了农业资源合理利用和生态环境保护。

3. 农村能源生态建设符合农业可持续发展的需求

针对我国农业可持续发展存在的问题，《全国农业可持续发展规划（2015～2030 年）》

将"治理环境污染，改善农业农村环境"作为一项重要任务，并制定了相应的应对措施。

根据《全国农业可持续发展规划（2015～2030 年）》，在防治农田污染方面，全面加强农业面源污染防控，科学合理使用农业投入品，提高使用效率，减少农业内源性污染。普及和深化测土配方施肥，改进施肥方式，鼓励使用有机肥、生物肥料和绿肥种植。农村能源生态建设的一项重要内容就是将农村废弃物经过能源化处理后进行还田利用，这可以有效地控制农田污染。在综合治理养殖污染方面，支持规模化畜禽养殖场（小区）开展标准化改造和建设，提高畜禽粪污收集和处理机械化水平，实施雨污分流、粪污资源化利用，控制畜禽养殖污染排放。在改善农村环境方面，推进规模化畜禽养殖区和居民生活区的科学分离，推进秸秆全量化利用，推进休闲农业持续健康发展。这些也是农村能源生态建设的重要内容。

农村能源生态建设在促进农业可持续发展、改善农村生态环境方面发挥了重要的作用，在今后的发展中将会继续适应我国农业和乡村发展的需求，发挥更大的作用。

1.3.2　农业循环经济发展的需求

循环经济在本质上是一种生态经济，模拟自然生态系统的运行方式，遵循自然生态系统的运行规律，实现特定资源的可持续利用和总体资源的永续利用，促进经济活动的生态化。与传统经济运行模式相比，循环经济以 3R 为原则（郑学敏和付立新，2010）：资源利用的减量化（reduce）原则；产品生产的再利用（reuse）原则；废弃物的再循环（recycle）原则（图 1-7）。

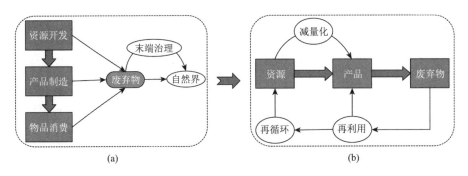

图 1-7　传统经济运行模式（a）与循环经济运行模式（b）

农业循环经济是一种科学地安排不同生物质在系统内部的循环、利用与再利用，最大限度地利用农业环境条件，以尽可能少的投入得到更多、更好的产品的经济。发展农业循环经济的根本目的是减少农业生产过程中对资源的投入，提高资源利用效率，减少农业生产废弃物对环境的危害，进而提高农民收入的质与量，促进农业产业结构调整，保障农村社会环境。

农业循环经济有三种模式：农业产业内部循环、农业-工业循环和种植-养殖-工业-营销循环。农村能源生态建设主要以农业产业内部循环为主，逐步向其他方式发展和转变。"猪-沼-果""四位一体"等能源生态模式都是典型的农业循环经济模式（王火根和翟宏毅，2016）。

目前我国农业正处在传统农业向现代农业的过渡时期，传统农业所面临的环境污染、生态破坏和资源耗竭等问题日益显著。建立现代农业，完善农业经济循环模式，是我国农业可持续发展的方向，也是社会主义新农村建设的重要内容。2005年12月31日《中共中央国务院关于推进社会主义新农村建设的若干意见》中强调要加快发展循环农业，农业循环经济的发展进入新时期。我国"十二五"规划纲要中再次指出要大力发展循环农业。"十三五"规划提出，农业是全面建成小康社会和实现现代化的基础，必须加快转变农业发展方式，走产品高质、资源节约、环境友好的农业现代化道路。农村能源生态建设利用沼气技术等农村能源技术将养殖业产生的废弃物利用起来，减少了对环境的危害，提高了农民经济收入，遵循农业循环经济理论，符合农业现代化发展的需求。农村能源生态建设的核心是农业废弃物的资源循环利用，符合农业循环经济的需求，也符合现代农业发展的需求。

1.3.3　农村环境综合整治的需求

我国是一个农业大国，目前仍有40%以上的人口居住在农村。改革开放以来，国民经济的发展取得了举世瞩目的伟大成就，但资源消费量急剧增加，环境污染问题日益严重。农村地区畜禽粪便和生活污水未经处理就直接排放，成为面源污染的重要因素。同时，农村普遍存在柴草乱垛、粪土乱堆、污水乱泼、垃圾乱倒及畜禽乱跑的"五乱"现象。2005年12月3日，国务院发布的《国务院关于落实科学发展观加强环境保护的决定》要求结合社会主义新农村建设，加强农村环境保护，解决农村环境"脏、乱、差"问题。自2008年开始，中央财政设立了农村环境保护专项资金，实行"以奖促治"政策，扶持各地开展农村环境综合整治，加快解决群众反映强烈、严重危害农村居民健康的突出环境问题。2015年，中共中央、国务院印发了《关于加大改革创新力度加快农业现代化建设的若干意见》，提出全面推进农村人居环境整治。2015年4月16日，国务院印发《水污染防治行动计划》，明确推进农业农村污染防治，加快农村环境综合整治。2017年2月环境保护部、财政部联合印发的《全国农村环境综合整治"十三五"规划》提出到2020年，新增完成环境综合整治的建制村13万个，累计达到全国建制村总数的三分之一以上。建立健全农村环保长效机制，整治过的7.8万个建制村的环境不断改善，确保已建的农村环保设施长期稳定运行。

根据《全国农村环境综合整治"十三五"规划》，在"十三五"期间，农村环境综合整治的主要任务包括农村饮用水水源地保护、农村生活垃圾和污水处理、畜禽养殖废弃物资源化利用和污染防治。在畜禽养殖废弃物资源化利用和污染防治方面，坚持政府支持、企业主体、市场化运作的方针，以沼气和生物天然气为主要处理方向，以就地就近用于农村能源和农用有机肥为主要使用方向，在畜禽养殖量大、环境问题突出的地区，开展区域或县域畜禽养殖废弃物资源化利用和污染治理。以户用沼气为中心的"一池三改（沼气池、改圈、改厕、改厨）"在改变农村生活方式、改善农村生态环境、提高农民收益和改变农业发展模式等方面发挥了重要作用。农村能源生态建设将继续在畜禽养殖废弃物资源化利用、农村生活废弃物处理等方面发挥重要的作用，促进农村环境综合整治。

1.3.4　乡村振兴战略实施的需求

实施乡村振兴战略是中国共产党第十九次全国代表大会做出的重大决策部署。中国共产党第十九次全国代表大会报告指出，农业农村农民问题是关系国计民生的根本性问题，必须始终把解决好"三农"问题作为全党工作的重中之重，实施乡村振兴战略。2018 年2 月4 日，国务院公布了 2018 年中央一号文件，即《中共中央国务院关于实施乡村振兴战略的意见》，要求坚持农业农村优先发展，按照产业兴旺、生态宜居、乡风文明、治理有效、生活富裕的总要求，建立健全城乡融合发展体制机制和政策体系，统筹推进农村经济建设、政治建设、文化建设、社会建设、生态文明建设和党的建设，加快推进乡村治理体系和治理能力现代化，加快推进农业农村现代化，走中国特色社会主义乡村振兴道路，让农业成为有奔头的产业，让农民成为有吸引力的职业，让农村成为安居乐业的美丽家园。2018 年9 月，中共中央、国务院印发《乡村振兴战略规划（2018～2022 年)》，指导全国各族人民更好地推进乡村振兴战略的实施。

畜禽粪污处理、有机肥替代化肥和农作物秸秆综合利用是乡村振兴战略的重要内容。生物质能是农村能源供给结构中重要的组成部分，要求推进生物质热电联产、生物质供热、规模化生物质天然气和规模化大型沼气等燃料清洁化工程。农村能源生态建设以处理畜禽粪污和秸秆为中心，可以生产沼气和生物天然气供给农村用能，剩余的沼渣沼液可以作为有机肥进行利用，在乡村振兴战略实施过程中起着重要的作用。

1.4　我国农村能源生态建设发展回顾

沼气技术是我国能源生态建设的核心技术，我国生态能源建设也是在沼气技术发展过程中发展起来的。最初主要是解决农村能源短缺问题，随着农村资源和环境问题日益凸显，农村能源生态建设的重心逐步转移到生态环境保护和农业可持续发展上。我国长期在农村能源生态建设上积累的实践经验和成效对农业资源的高效利用、生态环境保护与治理、推进现代农业发展、农民生活方式的改变和生活水平的提高发挥了至关重要的作用。

1.4.1　能源生态建设在我国的发展历程

1. 沼气技术在我国的起源

19 世纪 80 年代末，广东潮梅一带民间就开始了制取瓦斯的试验。1921 年，台湾新竹县的罗国瑞就在位于汕头新兴街的私宅内建造了以他的名字命名的沼气池——国瑞天然瓦斯库，供应全家煮饭和照明，并于 1929 年在广东汕头市开办了我国第一个沼气推广机构——国瑞瓦斯气灯公司（图 1-8)。1931 年他迁居上海后，又成立了"中华国瑞天然瓦斯全国总行"，还在全国建立了 10 多个分行，沼气利用遍及全国 13 个省份。但是由于战争等，"中华国瑞天然瓦斯全国总行"于 1942 年停业，随后各分行倒闭，沼气技术在我国的第一次推广以失败告终（夏文彧，1988；黄邦汉和李泉临，1999；王义超和王新，2011）。

这一时期发展沼气的目的虽然主要是解决能源问题，但是"中华国瑞天然瓦斯全国总行"在上海各报刊登的广告就已打出了"垃圾点灯，废物利用"的环保口号。

图 1-8　建于 1921 年的中国最早沼气池如今埋在汕头新兴街人行道下

资料来源：广州日报大洋网，2005 年 08 月 07 日

2. 沼气技术逐步成熟

1958～1961 年，我国出现了第二次沼气发展高潮。1957 年 1 月，曾经于 20 世纪 30 年代学习过沼气建造技术的姜子钢在武昌成功地建造了沼气池，《人民日报》对此进行了报道，之后，全国各地纷纷派人到武昌学习。1958 年上半年，农业部（现为农业农村部）在北京举办了全国沼气技术训练班，当时全国掀起了大办沼气池的热潮，建池数量一度达到数十万个。但是，该时期的沼气池建设由于在严格厌氧微生物技术上的难题未能突破，理论研究未能深入下去，修建的沼气池又缺乏科学的技术管理，留下来能够使用的沼气池为数很少（夏文彧，1988；王义超和王新，2011）。

1970～1978 年，由于国际能源出现危机，我国能源短缺、生态恶化的问题也日趋严重，我国再次出现沼气池建设的热潮。1970 年 10 月，四川中江县龙台区（现龙台镇）部分农民为解决生活能源短缺的问题，重新办起了沼气池（图 1-9），并获得了很好的效果，

图 1-9　四川省中江县沼源村 20 世纪 70 年代建设的户用沼气池

受到了国务院有关部门的高度重视。1974 年 1 月 8 日，《人民日报》第四版《用取之不尽用之不竭的生物能源代替柴草和煤炭——四川省许多社队采用土法制取和利用沼气》《"煮饭不烧柴和炭，点灯不用油和电"——四川省中江县龙台公社第五大队利用沼气的调查》两篇文章介绍了四川省特别是中江县龙台公社第五大队办沼气的情况。

到 20 世纪 70 年代末，全国农村沼气池就发展到了 700 多万个。但由于技术不成熟，沼气池是老式的"远、大、深"池子，再加上急于求成、土法上马等原因，建成的沼气池使用年限很短，导致大量沼气池成为"恼气池"，曾一度引起一些人对沼气技术的疑虑，严重地影响了沼气建设的发展。虽然农村沼气用户由 1970 年的 6000 户发展到了 1980 年的 723 万户，但是沼气池边建设边报废，到 20 世纪 80 年代中期，土法上马的沼气池基本全部被报废（王义超和王新，2011）。

1979 年，国务院成立了全国沼气建设领导小组，认真总结了沼气工作中的经验教训。农业部（现农业农村部）在成都成立了沼气科学研究所，专门从事沼气科学方面的研究。1980 年又成立了中国沼气协会（1991 年更名为中国沼气学会），组织沼气技术工作者，对沼气的关键技术进行协作攻关，提出了"因地制宜、坚持质量、建管并重、综合利用、讲求实效、积极稳步发展"的沼气建设方针，开展了大规模的基础应用技术研究，引进消化国外厌氧研究新成果，逐步形成了规范标准的水压式沼气池及与其相配套的科学建池技术、发酵工艺及配套设备，使我国沼气建设进入了健康、稳步发展的阶段。1984 年，国家标准局（现国家标准化委员会）颁布了全国通用的《农村家用水压式沼气池标准图集》（GB/T 4750—1984）、《农村家用水压式沼气池质量检查验收标准》（GB 4751—1984）和《农村家用水压式沼气池施工操作规程》（GB 4752—1984）。1984～1991 年的 8 年，为调整阶段。此阶段注重沼气技术系统的科研，修理病态池，放慢发展速度，8 年间新增池扣去报废池仅累计增加 82.7 万户，平均每年增加 10 万多户。

这段时期的沼气技术逐步走向成熟。发展沼气的目的虽然仍以解决农村能源短缺问题为主，但是与此同时沼气技术在肥料和环境卫生方面的作用也引起了重视。例如，1981 年 5 月在北京召开的第六次全国沼气工作会议指出，农村办沼气既是能源建设和肥料建设，又是环境卫生建设。

这一时期农村能源生态建设的特点是自发性的种养结合，发展沼气的目的是解决农村能源短缺问题，沼气技术主要是户用沼气池，沼气发酵原料以散户畜禽养殖的畜禽粪便和人粪便等为主，沼气主要用于照明和炊事，沼渣沼液一般作肥料。这一时期我国的化肥产量较低，粮食产量也较低。在缺肥和缺粮的背景下沼肥被自发地用于种植业。

3. 庭院型能源生态模式的发展

20 世纪 90 年代，我国户用沼气稳定发展，农村能源建设逐步从以解决能源短缺问题走向提高农民经济收益和改善农村环境的发展历程，沼气技术开始与农业生产相结合，沼气的经济效益凸显。1992～1998 年，为户用沼气回升发展阶段，每年建池在 50 万户左右，沼气建设综合效益日益明显，并逐步形成了南方恭城"一池带四小"模式、"猪-沼-果"模式，北方"四位一体"模式和西北"五配套"模式等能源生态模式。2001 年，为推进南北两大生态农业模式发展，使之为国家生态富民计划实施、农村可再生能源与生态农业建设发挥更大的作用，农业部颁布了《户用农村能源生态工程南方模式设计施工与使用规范》（NY/T 465—2001）和《户用农村能源生态工程北方模式设计施工和使用规范》（NY/T 466—2001），并在全国实施，首次提供了模式标准化技术参数。

恭城模式。20 世纪 80 年代初，广西恭城瑶族自治县开始建设沼气，并从所建沼气中得到启发，沼气既可以代替能源，沼液沼渣又是种果种菜的上好有机肥。恭城作为一个偏远的山区县，闲置的土地多，群众有种水果的习惯，发展水果产业前景广阔。1988年恭城政府决定以沼气为纽带，以养殖为龙头，以种植为重点，举全县之力，发动千家万户农民种水果。1990 年，该县初步形成了"一池带四小"（即一个沼气池带一个小猪圈、一个小果园、一个小菜园和一个小鱼塘）的庭院循环经济格局（赵建球，2003）。多年来，恭城瑶族自治县紧紧盯住"养殖-沼气-种植"三位一体的生态农业模式，大力发展以柑橙和月柿为主的水果产业，实现了经济、社会、人口与环境的全面、协调、可持续发展。

"猪-沼-果"模式。20 世纪 90 年代初，江西赣南在农村沼气建设、生猪生产和果业开发的实践中，创造了一种切合我国南方农村地区实际的"猪-沼-果"新型生态农业模式，在促进农村能源、生态环境建设和农业可持续发展等方面产生了积极的作用。具体做法是：一家农户将厕所、猪牛栏和沼气池（6～10 立方米）结合在一起，养猪 4～6 头，种植果树 0.27 公顷左右；人、畜粪便在沼气池发酵，产生的沼气用作家庭能源；沼液和沼渣作为栽种果树、粮食的肥料。这一模式具有良好的经济效益和环境效益，在我国南方地区迅速推广，并演化出"猪-沼-菜"、"猪-沼-粮"、"牛-沼-果"和"牛-沼-草"等多种模式（胡振鹏和胡松涛，2006）。《户用农村能源生态工程南方模式设计施工与使用规范》（NY/T 465—2001）将这种模式总结为：建一个 6～8 立方米沼气池、1.5 平方米的厕所和 6～10 平方米的猪舍，常年养猪 4～6 头，种植果园面积 0.27 公顷进行配套（图 1-10）。

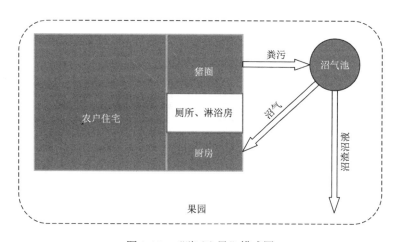

图 1-10 "猪-沼-果"模式图

"四位一体"模式。该模式在 20 世纪 90 年代初形成于辽宁大洼县（现大洼区），是根据吉林省冬季寒冷漫长，庭院土地资源利用率低，户用沼气池过冬难、产气难的特点，经多年试验研究出的一种新型的庭院生产模式。它把太阳能蔬菜温室、太阳能保温猪舍、沼气池和厕所结合在一起，使庭院种植业、养殖业和生物质能利用有机地结合起来，形成以沼气为纽带的庭院种植业、养殖业和生物质能利用综合发展的模式（卢政民，1991；汪百义等，1992）。《户用农村能源生态工程北方模式设计施工和使用规范》（NY/T 466—2001）将这种模式总结为：100～500平方米的日光温室，在日光温室的一端修建20～25平方米畜禽舍，畜禽舍北侧一角修建1平方米厕所，地下建6～10立方米沼气池（图1-11）。

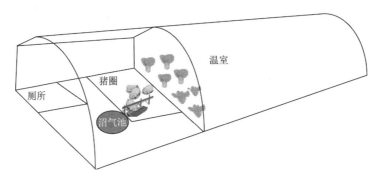

图1-11　北方"四位一体"模式

"五配套"模式。"五配套"能源生态模式起源于渭北黄土高原。最初"五配套"模式由沼气池、猪（鸡）舍、节水灌溉系统、蓄水窖和看护房组成。后来考虑投资与实用性等问题，果园"五配套"模式不断更新改进，在西北更多的地区以牧草代替节水灌溉系统，以果园代替看护房，形成了"果-畜-沼-窖-草"五配套的生态家园模式。模式系统以一个面积为0.33公顷的成龄果园为基本单元，在农户庭院或果园配套1个8～10立方米的沼气池，1个10～20平方米的猪舍或鸡舍（养猪4～6头或养鸡20～40只），配套建设1个简易暖圈，1眼20～40立方米的水窖。该模式的关键技术是干旱区农业复合生态经济系统的工程设计，主要接口技术是沼气工程技术，配套技术包括阳光圈舍技术、沼渣沼液利用技术、水窖储水和节水技术等（高春雨等，2008；邱凌，1998，2001）。《户用农村能源生态工程西北模式设计施工与使用规范》（NY/T 2452—2013）中对其的描述为一个8～12立方米的沼气池，一个10～20平方米的太阳能畜禽舍和一个1.5～2平方米的户用厕所，在果园规划设计一眼15～35立方米的水窖和一套果园滴灌系统（图1-12）。

该时期是我国经济快速发展的时期，农村能源生态建设的特点是沼气技术仍以户用沼气为主，沼气除了提供能源外，沼肥综合利用产生的经济效益和生态效益日益凸显。虽然不同地区构建的模式有所不同，但是其本质是相同的，沼气技术在种植业和养殖业中起着重要的纽带作用，养殖产生的粪污等废弃物进入沼气池，其经沼气发酵后产生的沼气用于炊事等解决了能源问题，沼渣、沼液用于种植部分的肥料。"一池三改"项目的实施又进一步提升了沼气的环境效益和社会效益，使农民的生活方式、农村的卫生条件和生态环境得到改善。

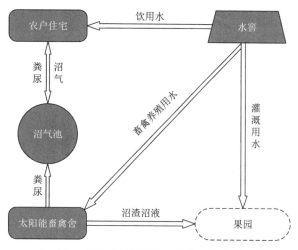

图 1-12　"五配套"西北能源生态模式示意图

种养结合是庭院生态能源生态模式的基础，沼气技术和太阳能技术的应用基本上可以解决养殖部分和厨房用能的需求，满足部分或大部分种植过程中对肥料的需求。我国这一时期的能源生态建设不仅为后期的能源生态建设奠定了基础，也促进了生态农业的发展。

2000 年我国启动以户用沼气池为纽带的"生态家园富民工程"，随着国家"农村小型公益设施建设补助资金农村能源项目"和"国债资金农村沼气建设"项目的实施，我国农村沼气建设从试点示范阶段转入大规模的技术推广和工程建设阶段，截至 2016 年年底，我国户用沼气数量达到 4161.1 万户（图 1-13）。近年来，随着农村生活方式的转变，户用沼气的利用率有所下降。

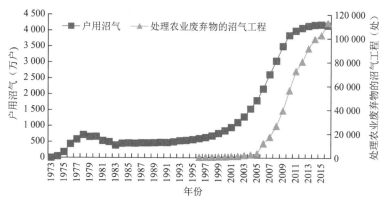

图 1-13　我国户用沼气和处理农业废弃物的沼气工程的数量年变化

数据来源：《中国农业统计资料（1988～2016）》

4. 农场型能源生态模式的发展

农场型能源生态模式是农业规模化、集约化与沼气工程化协同发展的结果。主要以规模化养殖为主体，沼气技术从解决农村能源问题发展为解决畜禽养殖污染问题。沼渣和沼液的利用是农场型能源生态建设的纽带，主要以周边的农田用肥为主。

早在 20 世纪 80 年代初期，上海交通大学在中国人与生物圈国家委员会的支持下，在开展生态农场的初步研究中将沼气技术引入养牛场，建设了两个 50 立方米的沼气池，并取得了良好的效果（杨再等，1988）。这一时期我国用于处理农业废弃物的沼气工程建设发展缓慢。《中国农业统计资料》于 1996 年开始统计沼气工程的数量，当年用于处理农业废弃物的沼气工程数量为 460 处，到 2000 年其数量仅为 855 处，5 年增长不到一倍。2000 年，农业部提出"生态家园富民计划"，并在全国范围内组织实施示范工程建设，以沼气为纽带的各种类型能源生态模式和工程技术得到了政府的大力支持。尤其是自 2003 年开始的农村沼气建设国债项目，使得中央对农村沼气示范推广给予了高度关注，并在每年投入大量的专项资金对其给予支持。从 2005 年开始，我国用于农业废弃物处理的沼气工程迅速发展，截至 2016 年年底已经达到 113 182 处，总池容积达到 1946 万立方米。

在 2006 年颁布实施的《规模化畜禽养殖场沼气工程运行、维护及其安全技术规程》（NY/T 1221—2006）和《规模化畜禽养殖场沼气工程设计规范》（NY/T 1222—2006）中将规模化养殖场沼气工程分为"能源生态型"处理利用工艺和"能源环保型"处理利用工艺。其中，"能源生态型"处理利用工艺是指畜禽养殖场污水经厌氧无害化不直接排入自然水体，而是作为农作物有机肥料的处理利用工艺。沼气技术就地处理了大量高浓度有机污染源，产生的沼气用于发电或供居民炊事之用，沼液沼渣作为有机肥料用于农、林、牧、副业，促进无公害农产品和绿色食品的生产。

这一时期的特点是国民经济迅速发展，人们对粮食和肉制品需求日益增大。一方面，养殖业迅速发展，集约化程度越来越高，大量畜禽粪污的产生对生态环境造成了巨大的威胁。另一方面，种植业对肥料需求量大，化肥投入越来越多，对环境的影响也越来越大。沼气技术在种植业和养殖业之间的纽带价值明显，在国家各级政府的扶持下农场型能源生态模式发展迅速。

5. 社区型能源生态模式

社区型能源生态模式与农场型能源生态模式属于同时期的产物，主要区别在于社区模式以供气和供能为主，农场模式以解决农场废弃物的处置问题为主。社区型能源生态模式主要以农村生物燃气集中供气为主，包括沼气集中供气和秸秆气化集中供气等，并辅助太阳能与风能等其他可再生能源的利用，解决农村社区的供能问题，并将沼渣、沼液等副产物进行肥料化利用，将养殖业与种植业结合。

早在 20 世纪 80 年代我国就已经开始沼气集中供气的建设，如绵阳农业科学研究所（现为绵阳市农业科学研究院）利用两个总容积共 314.6 立方米的沼气池为全所 76 户居民供气，沼肥用于农田（杨开鉴和杨从容，1984）。自 1984 年年初以来，位于上海崇明县（现崇明区）的长江农场两个沼气发酵池群（每个发酵池群有 42 个单池容为 50 立方米的发酵池），以畜禽粪便为原料发酵产沼气，向农场 1000 多户居民供气（金成功，1987）。之后集中供气模式在浙江等地发展较为迅速。20 世纪 90 年代中期以后由于秸秆问题日益突出，以秸秆气化技术为中心的集中供气模式发展迅速。进入 21 世纪后，我国开始实施"生态家园富民计划"，在各级政府的扶持下以畜禽粪污和秸秆为原料的沼气集中供气工程发展迅速,在解决农村能源问题、种植业和养殖业废弃物资源化再利用等方面发挥了重要作用,促进了新农村的建设。例如,2008 年建于河北省青县耿官屯村的大型秸秆联户供气站可以满足 1700 多户居民做饭、800 人同时就餐的喜庆大厅厨房用气,以及河北耿忠生物质能开发有限公司 1100 平方米办公楼取暖用气,沼渣沼液深加工后成为育苗基质或绿色有机肥,取得了良好的经济效益、社会效益和生态效益(李珊珊等,2015)。四川省首个新村建设沼气集中供气试点项目——什邡市玉马沼气集中供气项目在新村聚集点附近修建沼气站,以收集周边小型养殖场的粪污为原料,发酵后的沼气供新村的居民用气,沼渣沼液用于周边的蔬菜、粮食种植。截至 2013 年年底,处理农业废弃物沼气集中供气户已经达到 158 万户(郗秦阳等,2014;胡启春等,2015)。

针对这一模式目前已有《生物质气化集中供气站建设标准》(NYJ/T 09—2005)和《农村沼气集中供气工程技术规范》(NY/T 2371—2013)等行业标准。其特点是能源用户以社区的形式存在,如自然村落和新农村建设的聚集点等。供方为养殖场的大中型沼气工程、沼气站或气化站,产生的副产品如沼肥、生物质炭和木焦油等可以用于种植业、工业等。这一模式在新农村建设中发挥了重要的作用。

6. 产品/服务型能源生态模式

产品/服务型能源生态模式是指通过第三方的经营将养殖业、种植业废弃物的处理服务价值和沼气、肥料等的产品价值推向市场,扩大能源生态建设的范围,以实现种养平衡和生态平衡。

这一模式是农场模式和社区模式的进一步发展,其形成背景包括以下几方面:一是养殖场集约化越来越高,沼气工程的规模越来越大,产生的沼液与周边土地消纳能力的矛盾越来越突出,亟须提高沼液的价值进行远距离消纳;二是我国居民生活品质提高,对有机产品的需求增大,从而增大了对有机肥料的需求;三是环境压力增大,畜禽粪污等废弃物的处理利用是亟须解决的问题;四是农村生活水平提高,商品能源需求量增大,沼气的出路也是一些大型沼气工程需要解决的问题。针对第一和第二个问题,目前已经在政府的引导下出现了一些专业运输沼肥的合作社与公司等进行服务,实现服务价值;出现了一些沼肥产品,并被推向市场。针对第三和第四个问题,在政府的支持下已经出现了一些运行特大型沼气工程的公司,收集区域内农业废弃物发酵后产生的沼气进行提纯,发展生物天然气,沼肥被开发成产品或者直接被利用。

目前我国推行的"畜禽粪污资源化利用整县推进项目"试点也主要鼓励通过第三方运营的方式将种养循环的区域扩大,以实现平衡发展。

传统能源生态模式在新时期赋予了更多的服务价值,如某些"猪-沼-果"模式的乡村正向乡村旅游的方向发展,一些农家乐虽然延续了这种模式,但是其价值更多来自于服务。

1.4.2 农村能源生态建设的发展特点

我国的农村能源生态模式已从处理废弃物、开发可再生能源解决能源短缺问题发展到构建连接种植业和养殖业平衡发展的纽带，其发展特点如下（图 1-14）：①模式的建设从民间发起，政府在其中起到了非常重要的扶持、引导和推动作用；②从解决能源短缺问题向解决农村和农业环境问题发展；③从种养结合向种养平衡与生态平衡发展；④从以单户为主的庭院模式向集约化农场和园区发展；⑤专业化的第三方管理服务机构将是未来我国能源生态建设的主要主体。

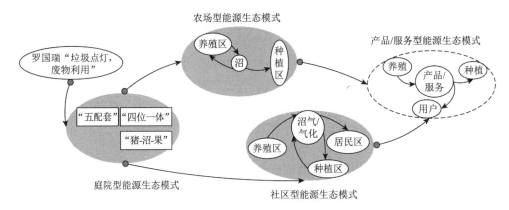

图 1-14　我国农村能源生态模式的发展

2 西南地区农村发展概况

在行政区划上，西南地区包括四川省、重庆市、云南省、贵州省和西藏自治区。在自然区划上，西南地区一般指中国南方地区（不含青藏高原）的西部地区，主要包括四川盆地、云贵高原和秦巴山地等地貌单元，大致包括四川中东部、陕西南部、云南大部、贵州全部、重庆全部、湖北西部和湖南西部。在全国气象地理区划中，"西南地区"是 11 个一级区域之一，包括四川省、重庆市、云南省、贵州省，这种划分方法是自然区划与行政区划综合的划分法，并以行政区划为主。农村能源生态建设与气象地理密切相关，并且云贵川渝四个省（直辖市）在人文地理方面也有较多的相似之处，本书对西南地区能源生态建设的研究包括四川省、重庆市、云南省和贵州省，46 个地级行政区，438 个县级行政区和 8419 个乡镇级行政区。区域内生物、矿产、能源、旅游和气候等资源丰富，地形复杂，气候类型多样，立体气候特征显著，农业生产具有多样性。

2.1 西南地区自然条件与社会发展概况

2.1.1 自然条件

1. 地形地貌

西南地区地形复杂，海拔落差大，最高峰为四川省境内的大雪山主峰——贡嘎山，海拔7556 米，最低点位于云南与越南交界的河口县境内南溪河与元江交汇处，海拔仅 76.4 米。西南地区地貌类型多样，由山地、高原、盆地、丘陵、平原和峡谷等组成，其中高原和山地面积最广，此外还广泛分布着喀斯特地貌、河谷地貌等。西南地区地形可以分为川西北高原高山区、横断山区、四川盆地及边缘山区和云贵高原山区等部分。

西南地区西北部为川西北高原高山区，青藏高原东南缘，区域内平均海拔在 3000 米以上，区域内丘谷相间，广布沼泽，分为丘状高原和高平原，包括沙鲁里丘状高原、色达丘状高原和阿坝高原。分布在若尔盖、红原与阿坝一带的高原沼泽是我国南方地区最大的沼泽带。

横断山区包括川西山地至滇西横断山脉纵谷区，由一系列山河并列的山原、山地和峡谷组成，地形复杂，山岭和峡谷相间，海拔 4000～5000 米，岭谷相对高差大，一般在 1000 米以上，主要山脉有岷山、邛崃山、大雪山、沙鲁里山和云岭等。与山脉相伴的是一系列的峡谷，包括岷江峡谷、大渡河峡谷、雅砻江峡谷、金沙江峡谷、澜沧江峡谷和怒江峡谷等。

四川盆地及边缘山区包括四川中东部和重庆市，可分为盆西平原地貌、盆中丘陵地貌和盆东山地地貌。盆地地势低洼，海拔200～750米，盆地边缘山地多为中山和低山，海拔多在1000～3000米。

云贵高原山区，包括云南东部、贵州全境，以及邻近的四川、重庆等区域，地势西北高，东南低。云贵高原大致以乌蒙山为界分为云南高原和贵州高原两部分。云南高原位于哀牢山以东的云南省东部地区，海拔在2000米以上。东面的贵州高原起伏较大，高原面保留，山脉较多，自中部向北、东、南三面倾斜，海拔在1000～1500米。

石漠化是在西南地区分布较广的一种地貌，是当地经济社会可持续发展的主要障碍，也对农村能源生态的发展产生了重要的影响。

石漠化是在热带、亚热带湿润-半湿润气候条件下，由水蚀作用引起的石质荒漠化，主要发生在岩溶分布区域或以岩溶分布为主的区域，是一种典型的荒漠化类型。我国石漠化主要发生在以云贵高原为中心，北起秦岭山脉南麓，南至广西盆地，西至横断山脉，东抵罗霄山脉西侧的岩溶地区。如表2-1所示，贵州和云南是石漠化面积最大的两个省，分别为2.09万平方千米和2.01万平方千米，分别占两省岩溶面积的17.24%和18.51%，总面积的11.87%和5.1%。贵州省石漠化面积最广，仅东南部没有石漠化；云南省的石漠化区域主要分布在与贵州省接壤的东部和与四川省接壤的西北部，以及西南部的部分地区；四川省的石漠化区域主要分布在川南地区；重庆市的石漠化区域主要分布在东北部和东南部地区。

表 2-1　西南地区各省石漠化信息统计（安国英等，2016）

省（直辖市）	岩溶面积（万平方千米）	石漠化面积（万平方千米）	发生率（%）
重庆	3.01	0.24	7.97
四川	6.91	0.22	3.18
贵州	12.12	2.09	17.24
云南	10.86	2.01	18.51

2. 气候

西南地区属于亚热带季风气候，受东南季风和西南季风影响的同时，也受青藏高原大地形和区域内复杂地形的影响，气候类型多样，立体气候显著，局地小气候特征明显。随着光照、热量和降水等气候资源搭配的不同，各地气候呈现不同的特征。包括北热带、南亚热带、中亚热带、北亚热带、南温带、中温带和高原气候等多种气候类型。

西南地区各地年平均温度分布受地形影响，呈现多样性分布特征。西北部高海拔地区年平均温度在10℃以下，其余大部分地区在10～20℃，其中，四川中东部和南部，重庆，贵州北部及东部和南部，云南除西北部和东北部以外的大部分地区，年平均气温在15℃以上。

西北部高海拔地区的活动积温在4000℃·天以下，其余大部分地区在4000℃·天以上，其中四川中东部地区、重庆大部、贵州东北部和南部、云南南部和西部边缘地区在6000℃·天以上，云南南部河谷地区、贵州南部边缘和四川南部河谷等局部地区在7000℃·天以上。

西南地区年平均降水量空间差异大，西北部高海拔地区普遍在 700 毫米以下，其中四川西部边缘地荣县金沙江干热河谷地区在 500 毫米以下。云南西部、西南部、南部、东南部，贵州除西部边缘以外的大部，重庆，四川中东部和南部部分地区年平均降水量在 900 毫米以上，大部分地区年平均降水量在 900～1300 毫米，其中云南西部边缘和南部边缘地区及东南部边缘，贵州西南部，四川中部峨眉山等局部地区是多雨中心，年降水量在 1500 毫米以上。

西南地区光能资源时空分布差异也较大，年日照时数为 700～2600 小时，其中四川西部和云南中西部地区普遍在 2000 小时以上；四川中东部地区和贵州大部地区，普遍在 1500 小时以下，局部地区在 1000 小时以下，是全国日照最少的区域。太阳辐射分布与日照分布相似，西部高海拔地区辐射总量高，东部日照少的区域太阳辐射量相应较低。

西南地区气象灾害种类多且频发，主要有干旱、低温、冰雹、雷电、大风、暴雨及其带来的洪涝、滑坡、泥石流等次生灾害。

2.1.2　自然资源

2.1.2.1　土地资源

西南四省（直辖市）总面积为 113.75 万平方千米，占全国的 11.85%，农用地 9690.12 万公顷，占全国农用地面积的 15.02%。四省（直辖市）耕地面积为 1985.34 万公顷，占全国的 14.71%，主要分布在四川盆地地区，园地面积 279.52 万公顷，占全国的 19.59%，牧草地面积 1122.22 万公顷，占全国的 5.12%，林业用地 609.68 万公顷，占全国的 19.50%（表 2-2）。

表 2-2　西南地区土地资源

区域	总面积（万平方千米）	农用地（万公顷）	耕地（万公顷）	园地（万公顷）	牧草地（万公顷）	林业用地（万公顷）
重庆	8.24	706.51	238.25	27.11	4.55	40.628
四川	48.5	4 216.06	673.29	73.01	1095.72	232.826
贵州	17.61	1 474.31	453.02	16.33	7.24	86.122
云南	39.4	3 293.24	620.78	163.07	14.71	250.104
全国	960	64 512.67	13 493.09	1 426.63	21 935.91	3125.9

数据来源：中国政府网；《中国统计年鉴（2017）》。

西南地区地貌类型的复杂性和区域差异性使土地资源利用结构呈现多样化，且林牧业占用土地的比例较高。西南地区有高原、山地、丘陵和平原，且以高原与山地为主，如贵州省山地占 75.1%，丘陵占 23.6%，平地仅占 1.3%；云南省高原山地约占 94%，平坝仅占 6%。由于山丘广布、垦殖困难，因而在长期的农业生产活动中，人们选择了农林牧并重和农林牧结合的土地资源利用方式。

西南地区土地利用率普遍较低，相对于全国 73% 的平均水平而言低 10%，农用地指数比全国低 9.2%，垦殖率比全国低 6.8%，耕地复种指数比全国低 17.7%。西南地区由于人地矛盾尖锐，为了解决生存和发展的问题，在过去相当长的一段时期内走了一条毁林开荒，陡坡垦殖的路子，造成了严重的水土流失，已经成为全国生态环境脆弱区之一。

西南地区土地资源的集约化利用程度低，耕地浪费和闲置抛荒现象日趋严重。西南大部分地区由于山势陡峭，河谷纵横，地形复杂，耕地较少且分散，农业生产极为困难，不利于大规模的机械化作业。

西南地区适宜进行能源植物种植的边际土地较为丰富。贵州、四川和云南可以直接利用的宜能荒地均大于 15 万公顷，云南和贵州需通过一定的改造才能开垦种植能源作物的土地均在 70 万公顷左右，四川的面积也超过了 25 万公顷。西南地区经大力改造后可开发为宜能荒地的土地超过 400 万公顷（寇建平等，2008）。包括贵州省中西部、云南省中东部、四川省西南部的西南岩溶地区和四川省北部及东部、重庆市东部的秦巴山区，是两个重要的宜能荒地区域，适宜种植甘薯（*Dioscorea esculenta*）、木薯（*Manihot esculenta*）、油菜（*Brassica napus*）、油桐（*Vernicia fordii*）、乌桕（*Triadica sebifera*）、麻风树（*Jatropha curcas*）、光皮树（*Cornus wilsoniana*）和黄连木（*Pistacia chinensis*）等能源作物。

2.1.2.2　森林资源

西南地区森林资源丰富，森林覆盖率高，并且以天然林为主。四个省（直辖市）的森林总面积达 4587.72 万公顷，占全国森林总面积的 22.1%，其中人工林面积为 1193.22 万公顷，占西南地区森林总面积的 26%，占全国人工林总面积的 17.21%。西南各省森林覆盖率均高于全国平均水平，其中以云南省最高，达到 50.03%。四个省（直辖市）活立木总蓄积量为 416 912.02 万立方米，占全国的 25.37%（表 2-3）。

表 2-3　西南地区各省森林资源

区域	森林面积 （万公顷）	人工林面积 （万公顷）	森林覆盖率 （%）	活立木总蓄积量 （万立方米）
重庆	316.44	92.55	38.43	17 437.31
四川	1 703.74	449.26	35.22	177 576.04
贵州	653.35	237.3	37.09	34 384.4
云南	1 914.19	414.11	50.03	187 514.27
全国	20 768.73	6 933.38	21.63	1 643 280.62

数据来源：《中国统计年鉴（2017）》。

薪炭林是指以生产薪炭材和提供燃料为主要目的的林木（乔木林和灌木林）。西南地区薪炭林资源丰富，其中以云南省最为丰富，全省薪炭林面积为 35.52 万公顷，占全国的 20.33%，蓄积量为 1472.73 万立方米，占全国的 37.65%（表 2-4）。

除薪炭林外，西南地区的油料能源林和淀粉能源林较为丰富。油料能源林主要有麻风树（小桐子）、黄连木、油桐和乌桕等，小桐子主要分布在四川和云南金沙江等干热河谷地区，黄连木主要分布在四川和贵州的低海拔山地丘陵地区，油桐和乌桕在四个省（直辖市）均有分布，以贵州最为丰富。淀粉能源林以栎类林为主，以四川最多，有 110.23 万公顷（表 2-5）。

表 2-4　西南地区薪炭林现状统计表

省	面积（万公顷）	占全国比例（%）	蓄积量（万立方米）	占全国比例（%）
云南	35.52	20.33	1472.73	37.65
贵州	14.73	8.43	313.46	8.01
四川	4.85	2.78	163.39	4.18

数据来源：《全国林业生物质能发展规划（2011～2020 年）》。

表 2-5　西南地区油料和淀粉能源林现状统计表　　　　　　　（单位：万公顷）

省（直辖市）	麻风树	黄连木	油桐	乌桕	栎类林
重庆	—	—	3.448	0.73	17.48
四川	1.593 3	0.293 7	3.133	0.516 4	110.23
贵州	0.004 9	0.901 7	17.004 6	0.777 3	26.26
云南	0.483 6		3.968 3	0.182 9	222.19

数据来源：《全国林业生物质能发展规划（2011～2020 年）》。

2.1.2.3　生物资源

西南地区由于地貌和气候的巨大差异，产生并形成了数目繁多的植物种类和植被群落，孕育了丰富的生物资源。

云南省是全国植物种类最多的省份，被誉为"植物王国"。热带、亚热带、温带和寒温带的植物类型都有分布，古老的、衍生的、外来的植物种类和类群有很多。在全国 3 万种高等植物中，云南的高等植物占 60% 以上，被列入国家一级、二级和三级重点保护与发展的树种有 150 多种。药用植物、香料植物和观赏植物等品种在全省范围内均有分布，故云南还有"药物宝库""香料之乡""天然花园"之称。云南省的动物种类数为全国之冠，素有"动物王国"之称。脊椎动物达 1737 种，占全国 58.9%。其中，鸟类 793 种，占 63.7%；兽类 300 种，占 51.1%；鱼类 366 种，占 45.7%；爬行类 143 种，占 37.6%；两栖类 102 种，占 46.4%。全国见于名录的 2.5 万种昆虫中云南有 1 万余种。

四川生物资源也十分丰富，全省有高等植物近万种，约占全国总数的 1/3，仅次于云南，居全国第二位。其中，苔藓植物 500 余种，维管束植物 230 余科、1620 余属，蕨类植物 708 种，裸子植物 100 余种（含变种），被子植物 8500 余种。有各类野生经济植物 5500 余种，其中，药用植物 4600 多种，全省所产中药材占全国药材总产量的 1/3，是全国最大的中药材基地；芳香及芳香类植物 300 余种，是全国最大的芳香油产地；野生果类植物 100 多种，其中以猕猴桃资源最为丰富，居全国之首；菌类资源十分丰富，野生菌类资源 1291 种，占全国的 95%。四川省的脊椎动物近 1300 种，占全国总数的 45% 以上，兽类和鸟类约占全国的 53%。其中，兽类 217 种，鸟类 625 种，爬行类 84 种，两栖类 90 种，鱼类 230 种。

贵州多类型的土壤和独特的山地环境与气候条件结合，繁衍出种类繁多的生物资源。全省有维管束植物 9982 种；脊椎动物 1053 种。贵州是中国四大中药材产区之一，全省有药用植物 4419 种、药用动物 301 种，天麻、杜仲、黄连、吴萸和石斛是贵州五大名药。

重庆市动植物种类繁多，有高等植物 6000 余种，药用植物资源丰富，是全国重要的中药材产地之一；有陆生野生脊椎动物 580 多种，其中国家重点保护陆生野生脊椎动物近 60 种，国家保护的有益或者有重要经济、科学研究价值的陆生野生脊椎动物有 520 多种。

2.1.2.4　太阳能资源

西南地区太阳能资源分布不均，云贵高原和川西北高原资源丰富，而四川盆地地区辐射量较低。从省级行政区来看，云南太阳能资源最为丰富，全省年日照时数为 1000～2800 小时，年太阳总辐射量每平方厘米为 90～150 千卡。省内多数地区的日照时数为 2100～2300 小时，年太阳总辐射量每平方厘米为 120～130 千卡。

2.1.2.5　煤炭资源

西南地区各省（直辖市）间煤炭储量不均，以贵州省储量和产量最大。2016 年西南地区的原煤产量为 30 039.36 万吨，占全国的 8.80%，其中贵州产量 16 850.64 万吨，占全国总产量的 4.94%，占西南地区总产量的 56.10%（表 2-6）。

表 2-6　西南地区 2016 年原煤产量

省（直辖市）	2016 年产量（万吨）	占全国产量的比例（%）
重庆	2 437.01	0.71
四川	6 164.83	1.81
贵州	16 850.64	4.94
云南	4 586.88	1.34
总计	30 039.36	8.80

数据来源：《中国能源统计年鉴（2017）》。

2.1.2.6　天然气资源

西南地区是我国天然气储量丰富的地区，但是主要分布在四川盆地，云南和贵州较为贫乏。2016 年西南地区天然气产量为 352.09 亿立方米，占全国总产量的 25.72%（表 2-7）。其中，四川产量 296.91 亿立方米，占全国总产量的 21.69%，占西南地区总产量的 84.33%，其次是重庆市，2016 年产量为 51.75 亿立方米，占全国总产量的 3.78%。

表 2-7　西南地区 2016 年天然气产量

省（直辖市）	2016 年产量（亿立方米）	占全国产量的比例（%）
重庆	51.75	3.78
四川	296.91	21.69
贵州	3.41	0.25
云南	0.02	0.00
总计	352.09	25.72

数据来源：《中国能源统计年鉴（2017）》。

2.1.2.7　电力资源

西南地区电力资源丰富，四川、云南的水力发电，贵州的火力发电及云南的太阳能发电和风力发电在全国均占有一定的比例。2016 年西南地区四省（直辖市）的总发电量为 8571.59 亿千瓦时，占全国的 13.95%（全国为 61 424.9 亿千瓦时）。从人均发电量来看，云南省和贵州省最高，可达 5644 千瓦时和 5356 千瓦时，高于全国的平均水平（4442 千瓦时）（表 2-8）。

表 2-8　西南地区 2016 年发电量

省（直辖市）	水力发电（亿千瓦时）	火力发电（亿千瓦时）	太阳能发电（亿千瓦时）	风力发电（亿千瓦时）	总发电量（亿千瓦时）	人均发电量（千瓦时）
重庆	247.18	449.37	—	4.65	701.2	2301
四川	2852.07	397.83	6.06	17.9	3273.86	3963
贵州	733.73	1114.21	0.88	55.17	1903.99	5356
云南	2278.15	238.04	21.03	155.32	2692.54	5644
总计	6111.13	2199.45	27.97	233.04	8571.59	4365

数据来源：《中国能源统计年鉴（2017）》。

2.1.3　社会发展概况

2.1.3.1　人口与民族概况

西南地区四个省级行政区总人口数为 19 636 万，占全国的 14.2%，其中城镇人口 9692 万人，占四省总人口的 49.36%，低于全国平均水平（57.35%），四省中城镇人口比例最大的为重庆市，达到 62.60%，超过全国平均水平，其他三省均低于全国水平。四省（直辖市）乡村人口数为 9944 万，占四省（直辖市）总人口的 50.64%，乡村人口仍是西南地区人口的主要组成。在人口自然增长率方面，云南省和贵州省高于全国平均水平，其中云南省最高，达 6.61%（表 2-9）。

表 2-9　西南地区人口组成

区域	总人口数（万人）	城镇		乡村		自然增长率（%）
		人口数（万人）	比例（%）	人口数（万人）	比例（%）	
重庆市	3 048	1 908	62.60	1 140	37.40	5.53
四川省	8 262	4 066	49.21	4 196	50.79	3.49
贵州省	3 555	1 570	44.16	1 985	55.84	6.50
云南省	4 771	2 148	45.02	2 623	54.98	6.61
全国	138 271	79 298	57.35	58 973	42.65	5.86

数据来源：《中国人口和就业统计年鉴（2017）》。

　　西南地区是我国民族最为集中的地区。其中，云南省是民族种类最多的省份，除汉族以外，人口在 6000 人以上的世居少数民族有彝族、哈尼族、白族、傣族、壮族、苗族、回族、傈僳族等 25 个。其中，哈尼族、白族、傣族、傈僳族、拉祜族、佤族、纳西族、景颇族、布朗族、普米族、阿昌族、怒族、基诺族、德昂族和独龙族共 15 个民族为云南特有的民族。云南省少数民族人口数占全省人口总数的 33.4%，是全国少数民族人口数超过千万的 3 个省份（广西、云南、贵州）之一。民族自治地方的土地面积为 27.67 万平方千米，占全省总面积的 70.2%。云南少数民族交错分布，表现为大杂居与小聚居，彝族和回族在全省大多数县均有分布。

　　贵州省也是一个多民族省份，有汉族、苗族、布依族、侗族、土家族、彝族、仡佬族、水族、回族、白族、瑶族、壮族、畲族、毛南族、满族、蒙古族、仫佬族和羌族等 18 个民族。2014 年，贵州少数民族自治地方总面积为 9.78 万平方千米，占全省面积的 55.5%；少数民族总人口为 1282.27 万，占全省总人口的 36.33%。贵州少数民族主要分布在黔东南苗族侗族自治州、黔南布依族苗族自治州、黔西南布依族苗族自治州及 11 个民族自治县和 233 个民族乡。

　　重庆市是我国唯一有民族自治地方的直辖市，辖 4 个自治县、1 个享受民族自治地方优惠政策的区和 14 个民族乡。据全国第六次人口普查数据，全市共有少数民族人口 193.71万人。渝东南民族地区一区四县是全市少数民族人口聚居区，主要是土家族和苗族，面积1.7 万平方千米。

　　四川省世居的少数民族有彝族、藏族、羌族、苗族、回族、蒙古族、傈僳族、满族、纳西族、土家族、白族、布依族、傣族和壮族等 14 个。全民族自治地方有甘孜藏族自治州（辖 18 个县）、阿坝藏族羌族自治州（辖 13 个县）、凉山彝族自治州（辖 17 个县市），民族自治地方总人口为 753.4 万。民族地区总人口为 933.4 万，约占全省总人口的 11.5%，少数民族人口约 517.3 万，约占全省总人口的 6.4%。

2.1.3.2　经济发展概况

　　西南地区是我国经济较为落后的地区，2016 年四个省（直辖市）的生产总值总量为77 240.8 亿元，仅占全国总量的 10.42%。人均生产总值仅有重庆市高于全国平均水平，其他三省均低于全国平均水平（图 2-1）。但是四个省（直辖市）的地区生产总值和人均生产总值近年来增长迅速，尤其是"十二五"期间以来，增速较大。四川 2016 年生产总值与 2000 年相比增长 8.38 倍，重庆增长 9.9 倍，贵州增长 11.43 倍，云南增长 7.35 倍。

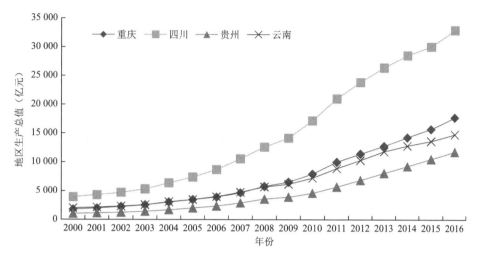

图 2-1　西南地区生产总值历年变化

数据来源：《中国统计年鉴（2001~2017）》

西南地区四个省（直辖市）的经济发展差异较大，2016 年重庆人均生产总值已经接近 60 000 元，而云南和贵州的人均生产总值仅刚刚超过 30 000 元（图 2-2）。

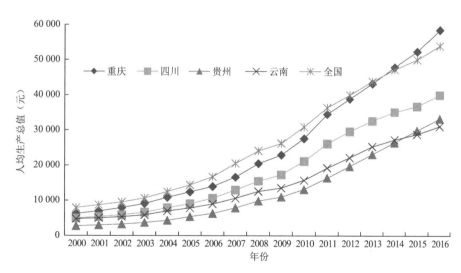

图 2-2　西南地区人均生产总值历年变化

数据来源：《中国统计年鉴（2001~2017）》

从三次产业结构组成上看，第一产业在西南经济中所占比例仍较大，除了重庆外，其他三个省份的第一产业的比例均在 10%以上，四省（直辖市）均高于全国平均水平，其中贵州在 15%以上（图 2-3）。

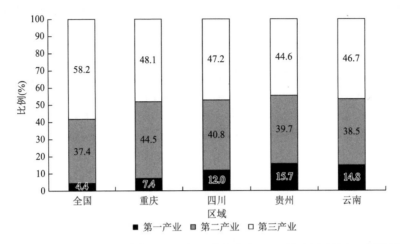

图 2-3　西南地区四省（直辖市）2016 年三次产业占 GDP 的比例及其与全国的比较

数据来源：《中国统计年鉴（2017）》

2.2　西南地区农村发展现状

2.2.1　农村人口变化

农村人口数量减少和所占比例降低是西南农村人口变化的显著特征，以重庆市和四川省的减幅最大，分别从 2000 年的 2067 万人和 6166 万人减少到 2016 年的 1140 万人和 4196 万人，分别减少了 44.85%和 31.95%；云南省 16 年间从 3286 万人减少到 2623 万人，减少了 20.18%；贵州省从 2684 万人减少到 1985 万人，减少了 26.04%。工业化和城市化进程加速了农村人口流动，导致农村人口减少（图 2-4 和图 2-5）。

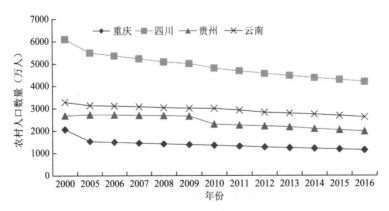

图 2-4　西南地区农村人口数量变化

数据来源：《中国统计年鉴（2017）》

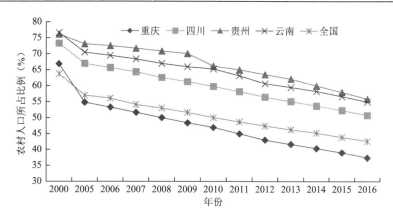

图 2-5 西南地区农村人口所占比例变化

数据来源：《中国统计年鉴（2001～2007）》

西南地区农村人口变化的另一个重要特征是农村少年儿童（0～14 岁）组人口呈减少的趋势（图 2-6）。其原因一方面是计划生育政策对人口出生率的严格控制，另一方面则是这一年龄段人口向城镇转移。这种减少趋势将导致农村未来劳动力更为缺乏、乡土文化传承困难、社会资本转型缓慢和公共产品投入回报率低等问题。

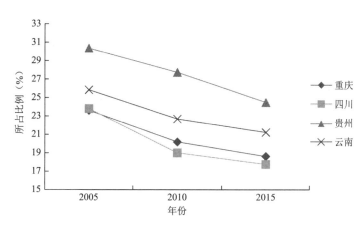

图 2-6 西南地区农村 0～14 岁人员所占比例变化情况

数据来源：《中国人口和就业统计年鉴（2017）》

西南地区农村人口变化的另一个特点是农民工输出，农村劳动力减少。根据郑祥江（2016）的调查结果可知，西南地区四省（直辖市）外出和曾经外出的劳动力占农村劳动力的 50.96%。其中，贵州省为 45.15%；云南省为 46.24%；重庆市为 54.29%；四川省最高，为 56.11%。从农民外出务工形式的角度来看，68.20%的农民工采取了完全不务农的形式，仅 11.42%的农民工以务农为主，农闲时外出务工。其中，云南省以完全不务农形式外出务工的比例最高，占该省外出劳动力的 86.93%，而仅农闲时外出务工的比例仅占 4.83%，其余省份比例相当（表 2-10）。

省（直辖市）	务农为主，农闲外出务工	外出务工为主，农忙务农	完全不务农	其他
重庆	10.56	24.84	62.94	1.66
云南	4.83	7.67	86.93	0.57
四川	14.42	17.75	67.68	0.15
贵州	13.21	27.12	59.43	0.24
总计	11.42	19.76	68.20	0.63

表 2-10　西南地区农村劳动力外出务工形式（郑祥江，2016）　　　　　　（%）

2.2.2 农村居民收入与消费

西南地区是我国较为贫穷的地区，虽然近年来农村居民收入增长迅速，但是人均可支配收入仍低于全国平均水平，2015 年四川省和重庆市的农村人均可支配收入首次超过 1 万元，而云南省 2016 年的农村人均可支配收入仅有 9019.8 元，贵州省更低，仅有 8090.3 元，全国排名倒数第二，仅高于甘肃省的 7456.9 元（图 2-7）。

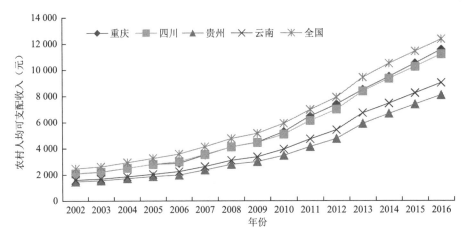

图 2-7　西南地区农村人均可支配收入变化情况

数据来源：《中国统计年鉴（2003～2017）》

从消费情况来看，四川省 2016 年农村人均消费支出为 10 191.6 元，略高于全国平均值（10 129.8 元），其他三省（直辖市）均低于全国平均水平，分别为重庆市 9954.4 元、贵州省 7533.3 元、云南省 7330.5 元。从消费组成来看，西南地区四省（直辖市）食品烟酒的消费比例均高于全国平均水平，尤其是四川省和重庆市，这与当地的生活水平和生活习惯有关（图 2-8）。

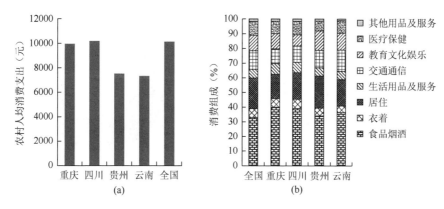

图 2-8 西南地区 2016 年农村人均消费支出（a）与消费组成（b）

数据来源：《中国统计年鉴（2017）》

2.3 西南地区农村环境概况

2.3.1 西南地区主要污染物排放

2016 年西南地区废水总排放量为 836 696 万吨，占全国总排放量的 11.77%，以四川省排放量最大；化学需氧量（COD）总排放量为 156.22 万吨，占全国的 14.93%；氨氮（NH_3-N）总排放量为 19.05 万吨，占全国的 13.44%；总氮（TN）26.99 万吨，占全国的 12.72%；总磷（TP）2.04 万吨，占全国的 14.63%（表 2-11）。其中，氨氮和总磷排放量的比例较高，这可能与西南地区畜禽养殖业占全国的份额较大有关。

表 2-11 西南地区 2016 年废水排放量和主要污染物的排放量 （单位：万吨）

省（直辖市）	废水排放量	化学需氧量	氨氮	总氮	总磷
重庆	202 061	25.57	3.61	5.16	0.32
四川	352 826	67.68	8.01	11.32	0.85
贵州	100 720	25.59	3.08	4.25	0.39
云南	181 089	37.38	4.35	6.26	0.48

数据来源：《中国统计年鉴（2017）》。

2.3.2 农业面源污染

目前我国农业已超过工业成为中国最大的面源污染产业，农业面源污染问题成为我国农业可持续发展和农业现代化进程中亟待解决的问题。西南地区经济较为落后，农业在国民经济中仍占重要地位，生态环境脆弱，农业面源污染问题日益严峻。根据第一次全国污染源普查结果可知，西南地区农业源化学需氧量排放量为 553 325.06 吨，占全国总量的 4.18%，排放量最大的地区为四川，占全国的 2.59%。从来源看，畜禽养殖业是主要来源，占 97%，水产养殖业仅占 3%（图 2-9）。

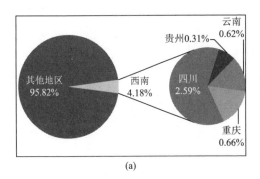

图 2-9　西南地区农业源化学需氧量在全国所占比例（a）与来源组成（b）

数据来源：第一次全国污染源普查

西南地区农业源氨氮排放量为 39 305.5 吨，占全国排放量的 12.51%，四川省是排放量最大的地区，占全国的 6.06%，接近于西南四省（直辖市）的一半。从农业源氨氮的来源来看，种植业占主要比例，达 60%；其次是畜禽养殖业，占 38%；水产养殖业仅占 2%（图 2-10）。

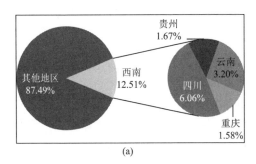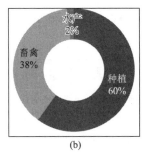

图 2-10　西南地区农业源氨氮在全国所占比例（a）与来源组成（b）

数据来源：第一次全国污染源普查

西南地区农业源总氮和总磷在全国所占的比例相当，均在 8% 左右，各省所占比例也相当，仍以四川省最多。从来源来看，种植业的总氮占到 83%，其次依次是畜禽养殖业和水产养殖业，而畜禽养殖业来源的总磷占到西南地区的 29%，种植业占 68%（图 2-11 和图 2-12）。

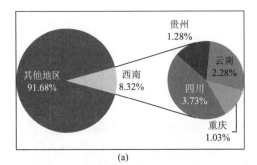

图 2-11　西南地区农业源总氮在全国所占比例（a）与来源组成（b）

数据来源：第一次全国污染源普查

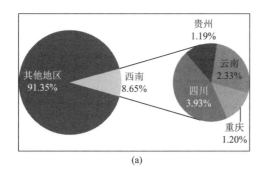 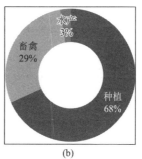

图 2-12 西南地区农业源总磷在全国所占比例（a）与来源组成（b）

数据来源：第一次全国污染源普查

在化肥利用方面，本书参照田若蘅等（2018）的方法对西南地区四省（直辖市）化肥风险进行了分析。综合考虑氮肥、磷肥、钾肥的投入强度、利用效率和化肥施用的安全阈值等因素，利用农田化肥施用的环境风险评价模型定量评估出化肥污染的区域环境风险程度。具体公式为

$$R_t = \sum_{i=1}^{n} W_i \cdot V_i$$

$$V_i = \left(\frac{D_i}{D_i + m \cdot T_i} \right)^{2c}$$

式中，R_t 为化肥施用的环境风险总指数；V_i 为单质肥料（氮肥、磷肥或钾肥）污染环境的风险指数；W_i 为对应肥料的污染环境效应权重系数，各项权重总和为 1；T_i 为各单质肥料施用的生态安全阈值，即获得一定量作物产量且不损害生态环境的肥料最大施用量，千克/公顷；D_i 为各单质肥料施用强度，以单位耕地面积当年的化肥施用量为准，千克/公顷；m 为耕地复种指数；c 为肥料利用率。

运用 GM（1，1）灰色模型对四川省化肥施用环境风险指数进行趋势预测：

$$\hat{x}^{(1)}(t+1) = \left[x^{(0)}(1) - \frac{u}{a} \right] \mathrm{e}^{-a \cdot t} + \frac{u}{a}$$

式中，$\hat{x}^{(1)}(t+1)$ 为新生成的累加序列第 $t+1$ 项的预测值；$x^{(0)}(1)$ 为原始序列中第 1 项的数据值；a 为发展系数；u 为灰作用量。

$$\hat{x}^{(0)}(t+1) = \hat{x}^{(1)}(t+1) - \hat{x}^{(1)}(t)$$

式中，$\hat{x}^{(0)}(t+1)$ 为原始序列第 $t+1$ 项的所求预测值；$\hat{x}^{(1)}(t)$ 为累加序列的第 t 项数据预测值。预测结果见表 2-12。

表 2-12 不同区域化肥施用环境风险指数的灰色预测模型

省（直辖市）	预测模型	平均相对误差（%）
四川	$x(k+1) = -39.082\mathrm{e}^{-0.007k} + 39.353$	0.706
重庆	$x(k+1) = -80.179\mathrm{e}^{-0.003k} + 80.447$	0.838

续表

省（直辖市）	预测模型	平均相对误差（%）
贵州	$x(k+1)=39.275e^{0.004k}-39.126$	3.219
云南	$x(k+1)=11.207e^{0.019k}-11.001$	1.675

对西南地区四个省（直辖市）的 2008～2017 年化肥施用环境风险分析表明，重庆市和四川省的环境风险因子呈逐渐降低的趋势，并且四川省的降低幅度要大于重庆市，在 2017 年重庆市的环境风险影响因子位列四省（直辖市）之首。贵州省的化肥施用环境风险因子在四个省（直辖市）中是最低的，呈先上升后下降的趋势。云南省的化肥施用环境风险因子基本上一直处于上升趋势，只有在 2017 年才出现下降（图 2-13）。但是预测结果表明，云南省农田化肥施用的环境风险仍会上升，并在 2019 年超过重庆市，成为西南地区最高的，贵州省的风险仍会是最低的，基本稳定在现在的水平，并略有上升。四川省和重庆市则会持续下降。

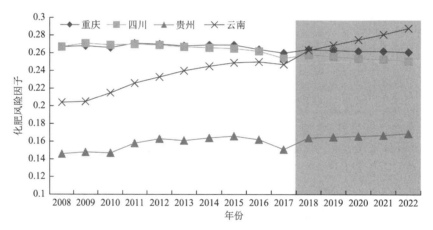

图 2-13　西南地区化肥风险因子历年变化与预测分析

2008～2017 年为根据《中国统计年鉴》数据计算，2018～2022 年为预测值（灰色部分）

西南地区四个省（直辖市）2016 年农药使用量为 147 920 吨，占全国的 8.5%，用量最多的为云南省，达到 58 601 吨。从近 11 年的发展趋势来看，云南省是四个省（直辖市）中唯一一个呈明显增长趋势的省份，四川省和重庆市已经呈下降趋势，贵州省基本持平（图 2-14）。

西南地区农药流失情况较为严重，在全国第一次污染源普查的 7 种农药中，仅有 2, 4-D 丁酯无流失统计，阿特拉津流失较低，其他 5 种农药流失量占全国的比例都较大，最大的为丁草胺，占全国总量的 21.73%，其次为吡虫啉（19.61%）、氟虫腈（17.77%）和毒死蜱（17.60%），乙草胺虽然占全国的比例较低（1.1%），但是其流失量仍较大，达 262.52 千克，这与全国流失量基数较大有关（表 2-13 和图 2-15）。

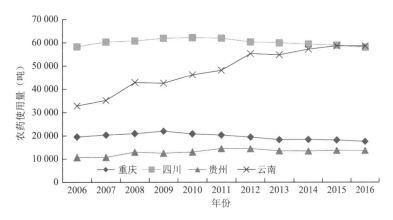

图 2-14 西南地区农药使用情况历年变化

数据来源：《中国农村统计年鉴（2007～2017）》

表 2-13 西南地区农药流失情况 （单位：千克）

区域	毒死蜱	阿特拉津	丁草胺	乙草胺	氟虫腈	吡虫啉
重庆	4.39	0	14.83	30.31	71.66	69.98
四川	20.94	0.02	42.92	125.07	241.98	288.51
贵州	5.79	0	12.96	37.13	54.02	72.22
云南	9.67	0.01	62.61	70.01	124.1	194.95
全国	231.8	22.47	613.58	23 966.51	2 767.21	3 189.78

数据来源：全国第一次污染源普查。

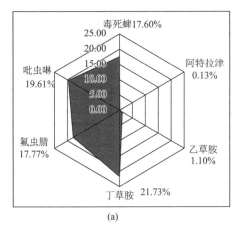

(a)　　　　　　　　　　　　(b)

图 2-15 西南地区农药流失占全国的比例（a）与田间农药瓶集中收集处（b）

数据来源：全国第一次污染源普查

　　西南地区是我国地膜使用较多的地区，2016 年西南地区地膜总用量为 239 771 吨，占全国的 16.31%。从近 11 年的数据变化来看，西南四省（直辖市）的地膜使用总量呈增加趋势，但最近几年放缓，其中贵州已经出现减少的趋势（图 2-16）。从全国第一次污染物普查的数据来看，虽然西南地区地膜用量较大，但是回收率较高，为 81.53%～83.36%，均超过了全国平均水平（表 2-14）。

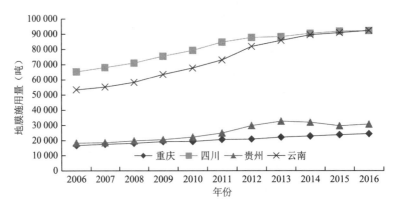

图 2-16 西南地区地膜使用情况历年变化

数据来源：《中国农村统计年鉴（2007~2017）》

表 2-14 西南地区地膜使用情况

区域	使用量（吨）	残留量（吨）	回收率（%）
重庆	2 648.67	440.72	83.36
四川	16 908.4	2 982.56	82.36
贵州	7 574.89	1 296.46	82.88
云南	28 882.19	5 334.57	81.53
全国	612 773.1	121 040.7	80.25

数据来源：全国第一次污染源普查。

2.3.3 农村生活污染

2.3.3.1 生活污水

西南地区是农村水污染控制技术较为薄弱的地区。目前农村污水治理主要集中在经济发达的村落和旅游业发达的村落，其他区域开展农村污水治理工作的较少。随着近年来经济发展、生活习惯的改变及乡村旅游业的发展，农村污水总量迅速增长。大量未经处理的生活污水直接排放，引起周边环境的污染。

根据《西南地区农村生活污水处理技术指南》（试行）的相关数据，西南地区农村用水量在 59~87 升/天，排水量在 60%~90%。在污水特征方面，与其他地区类似，COD 含量在 99~413 毫克/升，NH_3-N 在 14~68 毫克/升，TP 在 1.1~5.7 毫克/升（表 2-15 和表 2-16）。

表 2-15 西南地区农村用水量和排水量

省（直辖市）	用水量平均值（升/天）	排水量
重庆	87	
四川	59	60%~90%
贵州	71	
云南	85	

数据来源：《西南地区农村生活污水处理技术指南》（试行）。

表 2-16 西南地区农村生活污水特征

省（直辖市）	pH	悬浮固体（SS）（毫克/升）	COD（毫克/升）	BOD（毫克/升）	NH$_3$-N（毫克/升）	TP（毫克/升）
重庆	—	—	99～413	—	14～24	1.1～5.7
四川	6～9	150～200	300～350	100～150	20～40	2.0～3.0
贵州	—	150	150～250	60～150	35～50	3～5
云南	7.1～7.3	—	162～242	—	28～68	3.9～4.9

数据来源：《西南地区农村生活污水处理技术指南》（试行）。

2.3.3.2 生活垃圾

西南地区地貌以山地和丘陵为主，散居占很大比例，生活垃圾收集后集中处理难度较大，目前生活垃圾处理以自行焚烧、随意丢弃和简易填埋为主，焚烧比例明显高于国内其他地区。根据韩智勇等（2015）的调研结果可知，我国西南地区农村人均生活垃圾产生量为 178 克/天，主要组分为厨余、灰土、橡胶和纸类。垃圾容重、含水率、灰分、可燃物和热值分别为 107 千克/米^3、37.04%、25.73%、37.23%和 8008 千焦/千克。该地区生活垃圾具有惰性物质含量低、容重低，可回收物比例和热值高的特征（表 2-17）。

表 2-17 西南地区农村生活垃圾各组分所占比例（韩智勇等，2015） （%）

省（直辖市）	厨余	纸类	橡胶	纺织	木竹	灰土	砖瓦陶瓷	玻璃	金属	其他	混合类
重庆	57.79	2.03	3.04	0.08	0	24.39	0	12.68	0	0	0
四川	47.56	12.36	11.19	1.62	2.64	14.71	0.96	5.15	0.41	0.2	3.19
贵州	42.27	15.33	21.86	9.85	1.28	1.93	0	4.65	2.53	0.31	0
云南	55.07	8.37	8.28	0.37	9.26	15.91	0	1.55	0.1	0	1.09

2.3.4 水土流失

西南地区是我国水土流失较为严重的地区，主要以水力侵蚀为主，风力侵蚀和冻融侵蚀主要分布在四川西部地区。根据《第一次全国水利普查水土保持情况公报》的数据可知，西南地区水力侵蚀面积为 310 640 平方千米，占全国的 24%。从水力侵蚀占区域的比例数据来看，重庆市最高，达到 38.06%，其次是贵州省和云南省，四川省最低，但是均超过了全国平均水平（表 2-18）。

西南地区水土流失的另一个特点是较为严重的水力侵蚀所占比例较大，如图 2-17 所示，剧烈程度的水力侵蚀以重庆市最高，占 5.28%，最低的为贵州，占 4.05%，但仍高于全国平均水平。从水土流失的分布来看，四川盆地的东部和南部及云贵高原的部分地区是水力侵蚀较为严重的地区。

表 2-18　西南地区水力侵蚀面积与所占区域的比例

区域	面积（平方千米）	占区域面积的比例（%）
全国	1 293 246	13.47
重庆	31 363	38.06
四川	114 420	23.59
贵州	55 269	31.39
云南	109 588	27.81

数据来源：《第一次全国水利普查水土保持情况公报》。

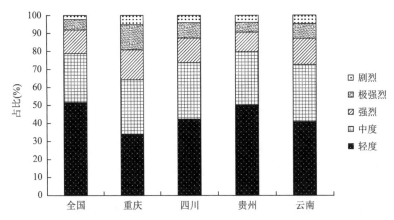

图 2-17　西南地区水土流失不同程度的水力侵蚀所占比例

数据来源：《第一次全国水利普查水土保持情况公报》

2.4　小　　结

（1）虽然西南地区复杂多样的地形造就了多样的气候条件，但是大部分地区气候温和，适宜沼气等生物能源技术的发展。

（2）西南地区多山地丘陵和耕地资源相对匮乏的特点导致当地农民选择了农林牧结合的生产方式，为能源生态建设奠定了基础。边际土地资源丰富，适合非粮能源作物的种植。

（3）西南地区城镇化率相对较低，经济落后，在国民经济组成中农业仍占较大的比例，同时生态环境脆弱，发展生态农业是必经之路。

（4）西南地区农村人口数量下降，青少年比例降低，青壮年劳动力外流，农村发展动力严重不足。

（5）西南地区农业源污染较为严重，化肥和农药使用强度较高，农村生态环境脆弱，发展生态农业，进行能源生态建设有利于西南地区的新农村建设。

3 西南地区种植业与畜禽养殖业发展情况

西南地区的四川盆地和云贵高原是我国传统的农耕区，但是目前该地区农业发展较东部地区相对落后，生态环境也较为脆弱。农业的绿色可持续发展既有利于农村经济的发展和农民生活水平的提高，又有利于生态环境的保护。农牧结合与种养平衡是发展可持续发展农业的重要内容，也是农村能源生态建设的基础。

3.1 西南地区种植业发展分析

3.1.1 西南地区种植业在全国的地位

西南地区是我国重要的农作物种植区，主要种植粮食作物、油料作物和糖类作物。根据《中国农业统计资料（2016）》数据可知，2016 年西南地区农作物播种面积为 2609.06 万公顷，占全国的 15.66%，四省（直辖市）中以四川省最高，为 972.86 万公顷，占全国的 5.84%（图 3-1）。2016 年西南地区粮食播种面积占全国的 15.82%，其中四川省占全国的 5.71%，排全国第 5 位；西南地区油料作物播种面积占全国的 18.22%，主要以油菜为主，四川省油料作物播种面积占全国的 9.24%，排名第 4；糖料作物以甘蔗为主，以云南省播种面积最大，占全国的 16.64%，排名第 2；棉花在西南地区播种面积较少，仅占全国的 0.32%。

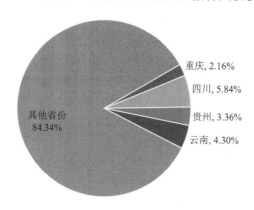

图 3-1　西南地区农作物种植面积占全国的比例

数据来源：《中国农业统计资料（2016）》

产量和生产效率相对较低是西南地区农作物种植的一个重要特点。根据《中国农业统计资料（2016）》的数据可知，2016 年四川省粮食作物的播种面积和产量在全国排第 5 位，而每公顷的产量排名只排第 18 位，贵州省的播种面积在第 16 位，产量则降至第 20 位，每公顷产量更是降低至全国第 30 位；四川省油料作物的播种面积和产量均在第 4 位，但是每公顷产量则降至第 17 位；云南省糖料作物的播种面积和产量均排在第 2 位，而每公顷产量则降至第 7 位，贵州省播种面积和产量均在第 7 位，每公顷产量则在第 10 位（表 3-1）。这些差异虽然与种植结构有一定的关系，但是更多的是因为生产效率相对较低。

表 3-1　西南地区农作物播种面积、产量和每公顷产量在全国的排名

省（直辖市）	粮食			油料			糖料		
	播种面积	产量	每公顷产量	播种面积	产量	每公顷产量	播种面积	产量	每公顷产量
重庆	22	21	19	15	20	25	19	19	20
四川	5	5	18	4	4	17	11	12	22
贵州	16	20	30	9	12	28	7	7	10
云南	11	14	26	13	18	27	2	2	7

数据来源：《中国农业统计资料（2016）》。

从西南四省（直辖市）粮食、棉花、油料与糖料四大类的播种面积和产量占全国的比例来看，播种面积占全国的比例均高于产量占全国的比例，这也说明西南地区农作物的生产效率较低。这其中有自然条件的原因，也有耕作技术等方面的原因（图 3-2）。

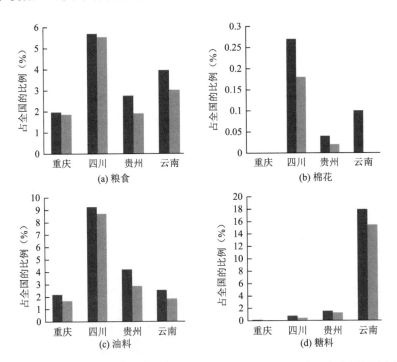

图 3-2　西南地区主要农作物播种面积（深色）和产量（浅色）占全国的比例

数据来源：《中国农业统计资料（2016）》

从西南地区的历年粮食播种面积和产量变化来看，2006～2016 年各省（直辖市）粮食产量在总体上仍呈上升的趋势，仅在某些地区的某些年份受灾情影响会有所下降（如 2011年的贵州省），但是 11 年间播种面积基本趋于稳定，这表明西南地区的粮食生产效率在逐

步提高（图 3-3）。

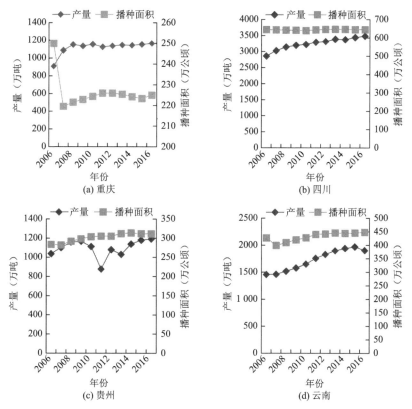

图 3-3 西南地区粮食播种面积和产量历年变化情况

数据来源：《中国统计年鉴（2007～2017）》

3.1.2 种植结构

从 2016 年的种植结构来看（图 3-4），粮食作物、蔬菜、油料作物和果园在西南地区占主要地位，茶园在贵州、云南和四川所占比例也较大，糖料作物在云南也有较大的分布，烤烟在云南和贵州有较大的分布，药材的种植在四省（直辖市）也占有一定的比例。

1. 粮食作物

粮食作物的种植面积在西南地区各省（直辖市）的播种面积均在 50% 以上，其中谷物类是粮食作物种植面积中最大的，西南地区各省（直辖市）的比例均占粮食作物的 50% 以上。在谷物类中，稻谷所占的比例是最大的，其次是玉米和小麦；在贵州、四川和重庆等地高粱也有较大面积的种植，云南和四川等地有一定量的大麦种植（图 3-5）。

薯类作物在西南地区也有广阔的种植面积，在粮食作物中所占的比例要高于全国平均水平，主要以马铃薯为主，在西南地区的一些较为贫困地区，马铃薯是其主要的粮食作物。

豆类作物在西南地区的种植比例与全国平均水平相当，主要以黄豆为主，绿豆和红小豆等种植面积较小。

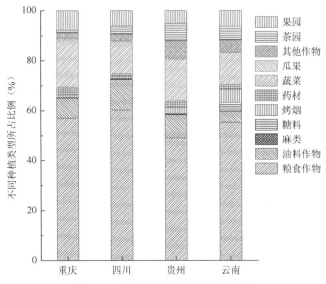

图 3-4　西南地区种植业的种植结构

数据来源：《中国农业统计资料（2016）》

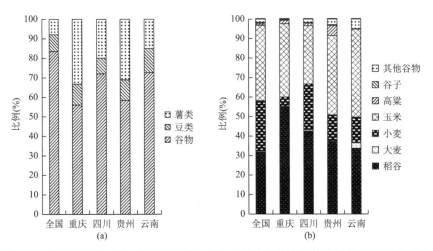

图 3-5　西南地区粮食作物种植面积组成（a）和粮食作物中谷物类种植面积组成（b）

数据来源：《中国农业统计资料（2016）》

2. 油料作物

油料作物在西南地区播种面积较大，主要以油菜籽为主，四省（直辖市）总播种面积为 107.63 公顷，占全国的 14.69%，其次是花生，播种面积为 42.46 万公顷，占全国的 8.98%，以四川种植面积最大，达 26.44 万公顷。向日葵在贵州等地有一定的种植，芝麻在四川和重庆等地有一定的种植，但是相对较少。

3. 糖料作物

西南地区的糖料作物主要为甘蔗，总播种面积为 31.84 万公顷，占全国的 20.85%，主要分布在云南，播种面积为 28.22 万公顷，占全国的 18.48%。

4. 烤烟

西南地区是我国烤烟的重要产区，总播种面积为 70.37 万公顷，占全国总播种面积的 58.33%，主要分布在云南、贵州和四川南部地区，以云南省播种面积最大，达 42.47 万公顷，占全国的 35.2%。

5. 药材

西南地区也是我国药材种植面积较为集中的地区，2016 年总播种面积为 56.06 万公顷，占全国总播种量的 25.07%，各个省份的播种面积均在 10 万公顷以上，其中以贵州最多，云南次之，分别为 16.83 万公顷和 15.23 万公顷。

6. 蔬菜

西南地区蔬菜类总播种面积为 421.7 万公顷，占全国总播种面积的 18.89%。以四川的播种面积最大，为 137.94 万公顷，占全国的 6.18%，贵州和云南次之，播种面积分别为 105.04 万公顷和 104.01 万公顷，分别占全国的 4.70% 和 4.66% [图 3-6（a）]。

7. 茶园

西南地区是我国重要的茶叶产区，2016 年末拥有茶园面积为 125.92 万公顷，占全国的 43.39%，以贵州面积最大，为 43.98 万公顷，占全国的 15.15%，云南次之，面积为 43.49 万公顷，占全国的 14.99% [图 3-6（b）]。

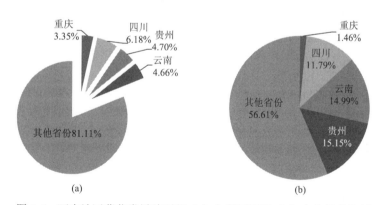

图 3-6　西南地区蔬菜类播种面积（a）与茶园面积（b）占全国的比例

数据来源：《中国农业统计资料（2016）》

8. 果园

2016 年末西南地区果园的总面积为 181.14 万公顷，占全国总面积的 13.96%，其中以四川面积最大，为 66.32 万公顷，占全国的 5.11%，其次是云南，占全国的 3.97%，贵州和重庆面积相当，分别占全国的 2.50% 和 2.38%。

从各省的水果组成来看，重庆和四川以柑橘为主，梨、桃、葡萄和猕猴桃也占有一定的比例；贵州的果园面积组成相对均匀，柑橘和梨的种植面积相当，为面积最大的两种水果，桃和葡萄的种植面积紧随其后，猕猴桃和苹果的种植面积也较大；云南分布有热带水果，香蕉的种植面积在所有水果中最大，其次是梨、苹果和柑橘，葡萄和桃的种植面积也较大，菠萝和荔枝也有一定的种植面积（图3-7）。

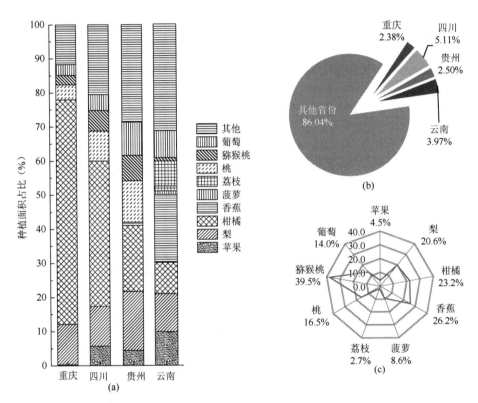

图3-7 西南地区水果种植组成（a）、占全国的比例（b）与西南地区主要水果种植面积占全国的比例（c）

数据来源：《中国农业统计资料（2016）》

西南地区是我国猕猴桃的主要产区之一，种植面积占全国的39.5%，其次是香蕉，占全国的26.2%，柑橘占全国的23.2%，梨为20.6%，桃为16.5%，葡萄为14.0%。

9. 热带、亚热带作物

云南是我国热带、亚热带经济作物的主要种植区之一，其中橡胶的种植面积为59.17万公顷，咖啡豆为11.7万公顷，香料作物为0.48万公顷（表3-2）。

表3-2　云南省热带、亚热带经济作物种植情况

作物	橡胶	咖啡豆	香料作物
播种面积（万公顷）	59.17	11.7	0.48

数据来源：《中国农业统计资料（2016）》。

3.1.3 种植业化肥施用情况

西南地区化肥的施用量整体呈上升的趋势,主要是云南增速较快,历年递增趋势明显,贵州也一直是小幅度持续上升,而四川和重庆近几年的施用量基本稳定,四川甚至已经出现小幅度的降低。从 2016 年的施用情况来看,西南地区化肥施用总量占全国的 11.4%,小于耕地面积所占的比例(图 3-8)。

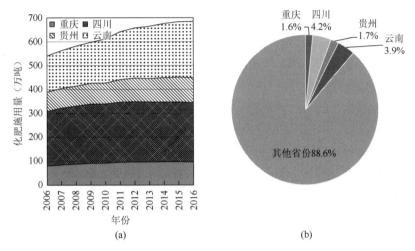

图 3-8 西南地区化肥施用情况历年变化(a)与 2016 年施用量占全国的比例(b)

数据来源:《中国农村统计年鉴(2007～2017)》

从化肥的施用组成来看,四个省(直辖市)的氮肥施用比例均在 50% 左右,明显高于全国的平均水平,相应的,西南地区复合肥的施用量均低于全国平均水平,四川和重庆的磷肥施用比例较大,钾肥施用比例较小,云南、贵州钾肥和磷肥的施用比例与全国平均水平相当。从养分比例来看,西南地区与发达国家的 N∶P∶K 为 1∶0.5∶0.5 相比,西南地区四省(直辖市)养分比例并不合理,与全国 N∶P∶K 平均水平 1∶0.36∶0.28 相比,有一定的差距,其中主要的是氮肥施用比例较高,而磷和钾肥的施用比例较低,尤其是钾肥(图 3-9)。

从氮和磷的施用强度来看,西南地区在总体上要低于全国的平均水平。在氮施用强度方面,2016 年全国的平均水平为 228.65 千克/公顷,西南四省(直辖市)中仅有重庆的 238.36 千克/公顷高于全国的平均水平,贵州最低,仅为 137.45 千克/公顷。在磷施用强度方面,西南四省(直辖市)均低于全国平均水平,以重庆市最高,为 107.11 千克/公顷,其次依次为四川省 102.26 千克/公顷、云南省 86.01 千克/公顷和贵州省的 48.19 千克/公顷(图 3-10)。

3.1.4 土地流转

西南地区经济水平低、生产力落后、贫瘠土地面积大和灾害频发等致使西南地区

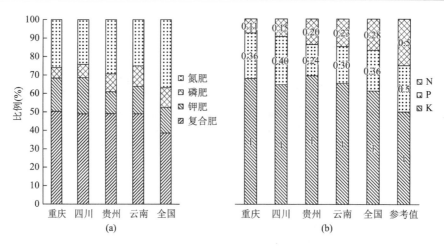

图 3-9　西南地区化肥施用组成（a）与养分比例（b）

数据来源：《中国农村统计年鉴（2017）》

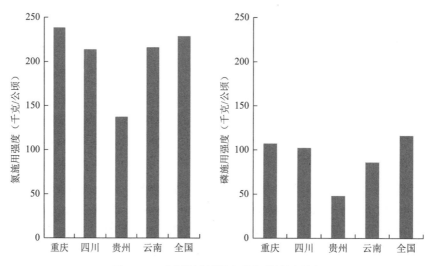

图 3-10　西南地区氮肥和磷肥的施用强度

数据来源：根据《中国农村统计年鉴（2017）》数据计算

种植业发展相对于我国其他地区落后，再加上近年来农村生活水平的提高、生活方式的转变和外出务工人员的增多，西南农村地区从事种植业的劳动力持续减少，种植业的发展受到影响。土地流转的出现为西南地区种植业的发展注入新的动力。流转方式以出租和转包为主，农户之间的自发流转虽然仍占主要地位，但是转入合作社和公司等新型主体的土地面积持续增加，规模经营日益凸显。

根据四川省农业农村厅网站的报道（2017-03-22），截至 2016 年年底，四川省全省家庭承包耕地流转总面积达 1970.3 万亩（1 亩≈666.7 平方米），比上年增长 21.6%，耕地流转率达 33.8%。出租和转包面积分别为 978.3 万亩和 622.8 万亩，占流转总面积的 49.7% 和 31.6%；股份合作、转让和互换的面积为 140.9 万亩、61.3 万亩和 49.9 万亩，分别占流转总面积的 7.1%、3.1% 和 2.5%。在农户、农民合作社、企业和其他主体等流转去向中，流向农户的面积达 929.0 万亩，占流转总面积的 47.1%；流向企业和农民合作社的面积为 345.0 万亩和 421.0 万亩，分别占流转总面积的 17.5% 和 21.4%，分别比上年提高了 0.1 个和 1.9 个百分点，其中转入农民合作社的面积比上年增长 33.6%。四川省耕地流转正朝着适度规模化方向迈进。30 亩以上流转面积 1198.2 万亩，占全省耕地面积的 20.6%。其中，签订书面流转合同的规模流转面积 1081.8 万亩。在粮食作物、经济作物、畜禽、水产、农机加工和其他等流转用途中，流向规模经营的经济作物 565.8 万亩、粮食作物 382.1 万亩，分别占 30 亩以上流转面积的 47.2% 和 31.9%。

根据《云南日报》的报道（2016-09-22），2016 年上半年云南省农村土地流转耕地流转总面积达到 789.8 万亩，比上年同期增长 7.8%，流转面积占家庭承包耕地面积的 18.8%。出租和转包占流转面积的比例达到 79% 左右，以股份合作方式流转的面积持续较快地增长，比上年增长 16.9%。转入专业合作社的面积达 70.1 万亩、转入企业的面积 159 万亩，分别比上年增加 5.4%、8.1%。农户间自发流转面积为 449 万亩，占流转总面积的 60%。

3.2　西南地区畜禽养殖业发展分析

3.2.1　西南地区畜禽养殖业在全国的地位

西南地区畜禽养殖业在全国占有重要的地位，2016 年肉产量占全国的 17.36%，其中四川占 8.16%，全国排第 3 位。蛋产量占全国的 7.76%，其中四川占 4.79%，全国排第 7 位。奶产量占全国的 3.74%，其中云南和四川分别占 1.73% 和 1.69%，分别排在全国的第 12 位和第 13 位（表 3-3）。

表 3-3　西南地区肉、蛋、奶产量占全国的比例及位次

省（直辖市）	肉		蛋		奶	
	比例（%）	位次	比例（%）	位次	比例（%）	位次
重庆	2.47	18	1.53	16	0.15	30
四川	8.16	3	4.79	7	1.69	13
贵州	2.33	19	0.59	25	0.17	29
云南	4.4	11	0.85	20	1.73	12

数据来源：《中国农业统计资料（2016）》。

西南地区的畜牧业在全国占重要的地位，其以兔的出栏量占全国的比例最大，高达 47.51%，主要集中在四川和重庆，2016 年四川兔出栏 7631.3 万只，占全国的 37.63%，重庆出栏 1788.7 万只，占全国的 8.82%。西南地区是我国生猪的重要饲养区，2016 年出栏量为 14 111.2 万头，占全国的 20.60%，以四川最多，出栏 6925.4 万头，占全国的 10.11%，其次是云南，出栏 3378.6 万头，占全国的 4.93%。西南地区牛的出栏量为 816.7 万头，

占全国的 15.98%，羊 3192 万头，占全国的 10.40%，四川和云南排西南地区的前两位。家禽出栏 124 801.1 万只，占全国的 10.09%，在西南地区排前两位的分别是四川和重庆（图 3-11）。

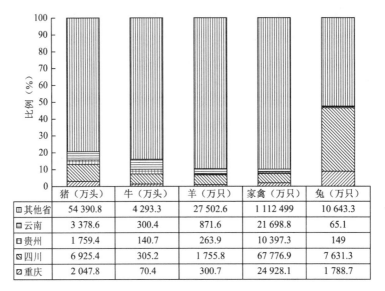

	猪（万头）	牛（万头）	羊（万只）	家禽（万只）	兔（万只）
其他省	54 390.8	4 293.3	27 502.6	1 112 499	10 643.3
云南	3 378.6	300.4	871.6	21 698.8	65.1
贵州	1 759.4	140.7	263.9	10 397.3	149
四川	6 925.4	305.2	1 755.8	67 776.9	7 631.3
重庆	2 047.8	70.4	300.7	24 928.1	1 788.7

图 3-11　西南地区主要畜禽物种的 2016 年出栏情况

数据来源：《中国农业统计资料（2016）》

3.2.2　畜禽养殖业的发展趋势

畜禽养殖量受市场影响较大，在整体上稳中有升。如图 3-12 所示，西南地区生猪存栏量各年份间有微幅波动，在整体上呈现降低的趋势，但是出栏量增长趋势明显，并在 2014 年达到最高，年出栏 14 937.6 万头，西南地区生猪存栏与出栏的变化表现出养殖

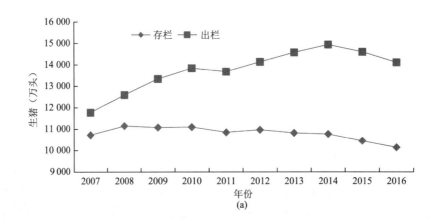

(a)

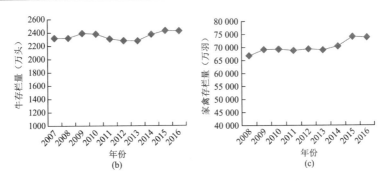

图 3-12 西南地区畜禽养殖情况历年变化

数据来源：《中国畜牧兽医年鉴（2008～2017）》

效率提高的特点。牛的存栏量总体呈波动变化，2009～2010 年出现一次波峰，随后下降，2012～2013 年达到波谷后再次反弹。家禽存栏量整体呈增加的趋势，尤其是 2013 年以后增速明显。

养殖规模化、集约化是中国畜禽养殖业发展的必然趋势，也是目前西南地区畜禽养殖业的发展趋势。如图 3-13 所示，2007～2016 年，生猪出栏量在 1～49 头的养殖散户数量

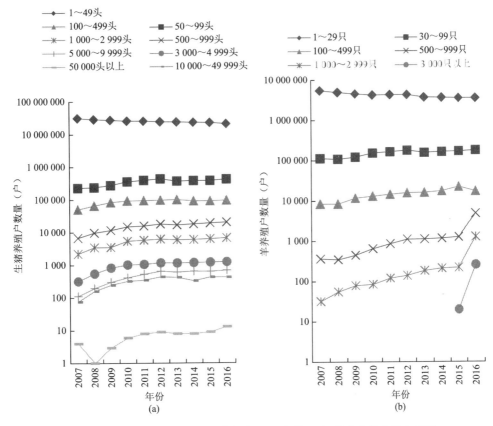

图 3-13 西南地区不同出栏规模生猪（a）和羊（b）养殖户数量变化情况

数据来源：《中国畜牧兽医年鉴（2008～2017）》

在明显降低，出栏量在 50～99 头和 100～499 头的养殖户基本稳定，出栏规模在 500～999 头和 1000～2999 头的小型规模化养殖户稳中有微幅上升，3000 头以上的大中型规模化养殖户数量则表现出明显上升的趋势。羊的养殖也表现出类似的变化，出栏量为 1～29 只的养殖散户的数量呈明显降低的趋势，30～99 只的养殖户数量基本稳定，大于 100 只的养殖户数量则呈明显的上升趋势。

鸡的养殖规模化、集约化趋势也较为明显，蛋鸡存栏量 1～499 只、肉鸡出栏量 1～1999 只的养殖散户的数量呈递减趋势，蛋鸡存栏量 500～9999 只规模的养殖户基本上趋于稳定，大于 10 000 只的养殖户基本上呈递增趋势，肉鸡 2000～99 999 只的养殖户数量基本趋于稳定，出栏量大于 10 万只的养殖户总体呈上升趋势（图 3-14）。

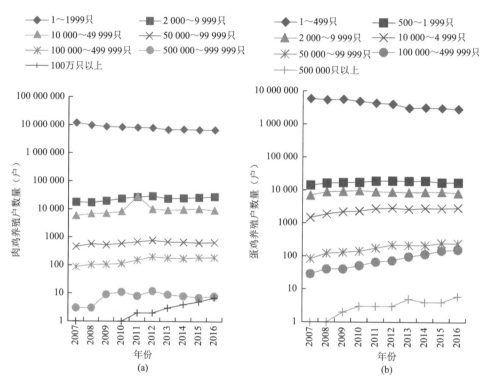

图 3-14　西南地区不同出栏规模肉鸡养殖户（a）和不同存栏规模的蛋鸡养殖户（b）数量变化情况

数据来源：《中国畜牧兽医年鉴（2008～2017）》

奶牛存栏量在 1～4 头的养殖散户数量呈明显降低的趋势，5～19 头存栏规模的在总体上也呈降低的趋势，20～999 头存栏规模的养殖户数量基本上趋于稳定，而 1000 头养殖规模以上的养殖户数量则呈增加的趋势。肉牛方面，西南地区在总体上呈上升的趋势，出栏 1～9 头规模的养殖户数量基本稳定，出栏数量在 10 头以上的养殖户数量均呈增加的趋势（图 3-15）。

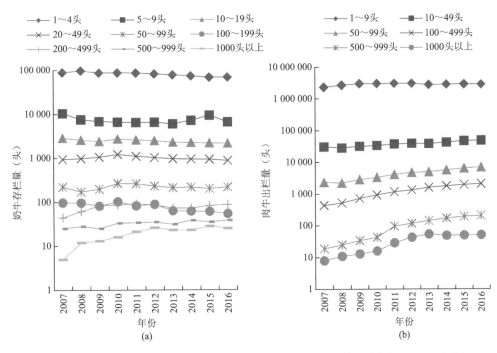

图 3-15　西南地区奶牛存栏规模养殖户数量（a）和肉牛出栏规模养殖户数量（b）变化情况

数据来源：《中国畜牧兽医年鉴（2008～2017）》

3.3　西南地区农业废弃物资源量分析

3.3.1　秸秆资源量

3.3.1.1　秸秆的总产量与可收集量估算

秸秆资源量的统计包括秸秆总产量和可收集量，秸秆总产量一般采用草谷比法进行估算：

$$W_s = W_p \times S_g$$

式中，W_s 为农作物秸秆产量，吨；W_p 为农作物经济产量，吨；S_g 为草谷比，即农作物秸秆产量与农作物经济产量的比值。

秸秆资源可收集量是指在现实耕作管理尤其是农作物收获管理条件下，可以从田间收集、并可为人们所利用的秸秆资源的最大数量，主要采用系数法进行估算。

本书以《中国农业统计资料（2016）》中的作物经济产量为测算依据，以彭春艳等（2014）收集的不同作物草谷比的平均值为基础，并结合其他相关研究确定西南地区主要经济作物的草谷比，秸秆的可收集系数主要参考王亚静等（2010）的研究结果（表 3-4）。

表 3-4　西南地区主要农作物的草谷比和秸秆可收集系数

作物	稻谷	小麦	玉米	豆类	薯类	花生	油菜	甘蔗	烟草	其他谷物*
草谷比	0.97	1.25	1.3	1.54	0.5	1.33	2.45	0.25	0.86	1.6
可收集系数	0.83	0.83	0.83	0.88	0.8	0.85	0.85	0.88	0.9	0.83

*其他谷物包括高粱、谷子、大麦等，下同。

表 3-5 是对西南地区主要农作物秸秆产量与可收集量的估算，2016 年西南地区主要农作物的秸秆总量为 9937 万吨，可收集量为 8310 万吨，四省（直辖市）中以四川的秸秆量最大，为 4352 万吨，占西南地区总量的 43.8%。

表 3-5　西南地区主要农作物的秸秆总量与可收集量估算　（单位：万吨）

作物	稻谷	小麦	玉米	豆类	薯类	花生	油菜	甘蔗	烟草	其他谷物	总计
重庆	495	25	344	75	156	16	121	2	7	18	1 259
四川	1 511	517	1 031	163	266	91	591	12	19	151	4 352
贵州	418	75	422	54	151	15	221	29	26	66	1 477
云南	652	112	983	214	98	11	144	435	78	122	2 849
秸秆总量	3 076	729	2 780	506	671	133	1 077	478	130	357	9 937
可收集量	2 553	605	2 308	445	537	113	915	421	117	296	8 310

在可收集的秸秆中以稻谷秸秆量最大，占 31%，其次是玉米秸秆和油菜秸秆，分别占 28% 和 11%，这三大秸秆占西南地区秸秆可收集量的 70%（图 3-16）。各省（直辖市）的可收集秸秆在结构上有所差异，如图 3-17 所示，重庆市可收集的秸秆以稻谷、玉米和薯类为主，四川以稻谷、玉米、油菜和小麦为主，贵州以稻谷、玉米和油菜为主，云南则以玉米、稻谷和甘蔗为主（图 3-17）。

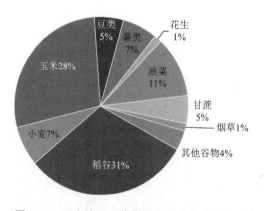

图 3-16　西南地区可收集秸秆的作物来源组成

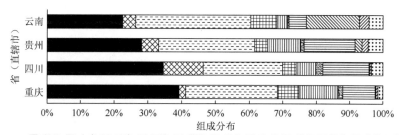

图 3-17　西南地区各省（直辖市）可收集秸秆的作物来源组成

3.3.1.2　秸秆的养分与能源资源量估算

根据上述获得西南地区可收集的秸秆资源量及参照刘晓永和李书田（2017）的估算方法与相关系数（表 3-6）对西南地区秸秆的养分资源含量进行了估算，结果见表 3-7，西南地区可收集秸秆的 N 养分资源量为 79.23 万吨，以四川最高，为 32.89 万吨，其次依次为云南、贵州和重庆；P 和 K 的养分资源量分别为 12.05 万吨和 128.1 万吨，各个省（直辖市）之间的顺序与 N 养分资源量相同。

表 3-6　不同作物秸秆中的养分含量

项目	稻谷	小麦	玉米	豆类	薯类	花生	油菜	甘蔗	烟草	其他谷物
氮含量（%）	0.82	0.54	0.89	1.65	2.16	1.64	0.64	1	1.3	0.71
磷含量（%）	0.13	0.09	0.11	0.16	0.46	0.15	0.13	0.13	0.15	0.13
钾含量（%）	1.9	1.16	0.99	1.16	2.35	1.56	2.01	1.01	1.66	1.89
折标系数（千克标准煤/千克）	0.429	0.5	0.529	0.543	0.486	0.529	0.529	0.441	0.457	0.5

表 3-7　西南地区秸秆养分资源量组成

省（直辖市）	N（万吨）	P_2O_5（万吨）	K_2O（万吨）	能源量（万吨标准煤）
重庆	10.89	1.73	17.26	507
四川	32.89	5.14	58.01	1768
贵州	12.05	1.93	19.82	605
云南	23.4	3.25	33.01	1172
西南地区	79.23	12.05	128.1	4052

利用折算系数法对西南地区秸秆的能源资源量进行了估算，折标系数主要来自于张百良（1988）和邢红等（2015）研究结果。根据测算，西南地区秸秆可收集资源量折算标准煤的量为 4052 万吨。根据丛宏斌等（2017）的统计结果可知，2014 年西南四个省（直辖市）的农村生活用能总量为 7644.6 万吨，即如果所收集的秸秆全部进行能源化利用可以满足四个省（直辖市）53%的农村生活能源需求。

3.3.2 畜禽粪便资源量

3.3.2.1 畜禽粪便的总产量与可收集量估算

根据各种畜禽在饲养天数内的粪便排放量和畜禽存栏数可以计算畜禽粪便实物量,粪便总量、COD、TN(TP)产生量计算公式如下:

$$Q = \sum_{i=1}^{n} N_i \times T_i \times P_i$$

式中,Q 为粪便、COD、TN(TP)各产生分量,万吨;N_i 为饲养量,万头或万匹或万只;T_i 为饲养期,天;P_i 为产排污系数,千克/天或克/天;i 为第 i 种畜禽。

本书中各省(直辖市)畜禽统计数据来自《中国农业统计资料(2016)》,除了兔采用出栏数计算外,其他均为存栏数,畜禽粪尿、氮和磷产排污系数主要参照耿维等(2013)的数据进行(表 3-8)。

表 3-8 各类畜禽粪尿量、COD、TN 和 TP 的产生量系数

种类	粪尿量(千克/天)	COD 产生量(克/天)	TN 产生量(克/天)	TP 产生量(克/天)
猪	3.57	317.33	16.85	3.88
肉牛	20.42	2 235.21	104.10	10.17
奶牛	46.84	5 731.70	214.51	38.47
役用牛	21.90	2 832.72	107.77	12.48
家禽	0.09	10.28	0.935	0.15
马	5.90	37.00	12.40	1.60
驴	5.00	37.00	12.40	1.60
骡	5.00	37.00	12.40	1.60
羊	0.87	0.46	2.15	0.46
兔	0.15	0	1.16	0.24

根据测算,西南地区 2016 年的畜禽粪污总量约为 3.7 亿吨,四个省(直辖市)中以四川最高,约达到 1.6 亿吨,其次是云南,约 1.1 亿吨,贵州和重庆相对较少,分别约为 6667 万吨和 3670 万吨(表 3-9)。从粪污的来源来看(图 3-18),猪、肉牛、役用牛和家

表 3-9 西南地区粪污总量、COD、TN 和 TP 的资源量估算

省(直辖市)	粪污总量(万吨)	COD(万吨)	TN(万吨)	TP(万吨)
重庆	3 670.59	357.41	20.23	3.57
四川	15 990.74	1 603.24	83.38	13.48
贵州	6 666.77	685.54	33.73	4.98
云南	10 841.85	1 056.77	54.14	8.13
总计	37 169.95	3 702.96	191.48	30.16

禽是主要来源，占到总量的 94%，其中猪、肉牛和家禽以圈养为主，粪污的处置问题正成为限制其发展的瓶颈。

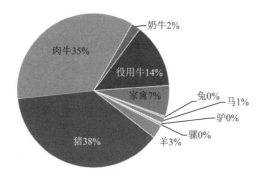

图 3-18　西南地区畜禽粪污来源组成

西南地区不同省（直辖市）之间由于养殖结构的不同，产生的粪污来源也有所差异，图 3-19 为西南地区不同省（直辖市）间粪污来源组成，其中重庆和四川以猪粪污为主，而云南和贵州的肉牛粪污是其主要组成。

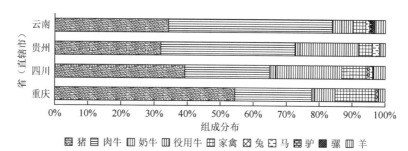

图 3-19　西南地区不同省（直辖市）间粪污来源组成

3.3.2.2　粪便的养分与能源资源量估算

西南地区畜禽粪污 COD、TN 和 TP 的产量分别为 3702.96 万吨、191.47 万吨和 30.16 万吨（表 3-9），各省间的变化趋势与粪污量相同，均为四川最高，重庆最低。畜禽粪污 COD、TN 和 TP 来源组成如图 3-20 所示。

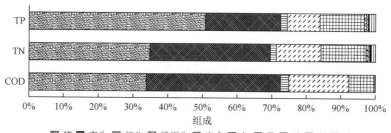

图 3-20　西南地区畜禽粪污 COD、TN 和 TP 来源组成

畜禽粪便的热值含量一般为 12 000～19 000 千焦/千克，折算标准煤系数在 0.47～0.65，但是由于畜禽粪污的能源化利用主要以产沼气为主，本书主要对其沼气产量进行估算。

畜禽粪污可产沼气潜力以粪污 COD 量来计算：

$$E = Q \times W \times G$$

式中，E 为畜禽粪尿产沼气量，立方米；Q 为 COD 产生量，吨；W 为 COD 去除率，$W = 80\%$；G 为产沼气系数，0.538 米^3/千克（以 COD 计）。

如表 3-10 所示，能够用于产沼气的粪污主要来源于猪、牛和家禽，根据测算，沼气产量可达 1 591 619.41 万立方米，折合标准煤为 1136.42 万吨，该数据是 2014 年西南地区农村生活能源总消费量的 14.9%（丛宏斌等，2017）。

表 3-10　西南地区畜禽粪污沼气产量估算

畜禽种类	COD（万吨）	沼气产量（万立方米）	折合标准煤（万吨）
猪	1 253.78	539 625.08	385.29
肉牛	1 429.29	615 166.63	439.23
奶牛	89.33	38 448.24	27.45
杂役牛	648.70	279 198.63	199.35
家禽	276.91	119 180.82	85.10
总计	3 698.01	1 591 619.4	1136.42

根据《中国农业统计资料（2016）》的数据可知，2016 年西南地区的沼气产气量为 446 124.48 万立方米（包括户用沼气和处理农业废弃物的沼气工程），也就是说，即使这些沼气全部来源于畜禽粪污，目前粪污的沼气化利用率也只有 28%，其还有很大的发展空间。

3.4　小　　结

（1）产量和生产效率低是西南地区农作物种植的一个重要特点。粮食作物、蔬菜、油料作物和果园种植面积较大。化肥施用强度较全国低，但是氮肥、磷肥和钾肥的比例不均衡，氮肥使用比例较高。

（2）生猪、肉牛和家禽是西南地区的主要畜禽养殖种类，西南地区畜牧业正向规模化与集约化快速发展。

（3）西南地区的秸秆每年的产生量接近 1 亿吨，可收集量为 8000 多万吨，蕴含巨大的养分资源和生物质能资源。

（4）西南地区的粪污资源约为 3.7 亿吨，同样蕴含巨大的养分资源和生物质能资源，沼气潜力为 159 亿立方米，目前的沼气化利用率不到 30%。

（5）西南地区秸秆和畜禽粪污（沼气化利用）全部能源化利用仅能满足该地区农村生活用能需求总量的三分之二。

4 西南地区农村能源消费发展分析

农村能源是指在农村范围内的各种能源及从能源开发至最终应用过程中的生产、消费、技术、经济、政策和管理等问题的总称，是国家能源系统的重要组成部分。农村能源消费主要包括生产用能与生活用能两个方面：农村生产用能包括种植业、养殖业用能及农产品产地初加工用能等；农村生活用能包括炊事、取暖、照明、热水供应和家用电器等。

4.1 西南地区农村能源消费情况

我国 2014 年农村能源消耗量为 7.6 亿吨标准煤，占全国能源消耗总量的 17.8%，其中，农村生活用能为 4.3 亿吨标准煤，占农村能源消耗量的 56.6%，农村生产用能为 3.3 亿吨标准煤，占农村能源消耗量的 43.4%，农村生活用能占主要比例（丛宏斌等，2017）。

4.1.1 农村生产用能

农村生产用能基本依存于国家统一能源供应体系，但在总体上，农村生产用能煤炭占主导地位，清洁能源和可再生能源占比较低。根据农业农村部农业生态与资源保护总站统计数据，2014 年我国农村生产用能中商品能源消费总量为 2.96 亿吨标准煤，占农村生产用能的 90.2%，非商品能源消费总量为 0.32 亿吨标准煤，占农村生产用能的 9.8%。商品能源消费中煤炭消费量折合 16 879.7 万吨标准煤，占农村生产用能消费量的 51.5%；焦炭消费量折合 1270.2 万吨标准煤，占 3.9%；成品油消费量折合 6452.2 万吨标准煤，占 19.7%；电力消费量折合 4976.4 万吨标准煤，占 15.2%。非商品能源消费中薪柴消费量折合 1258.8 万吨标准煤，占农村生产用能消费量的 3.8%；秸秆消费量折合 1937.1 万吨标准煤，占 5.9%（图 4-1）。农村生产用能中商品能源占比大，其中占比最大的依次为煤炭、成品油和电力等。

图 4-2 为对我国农、林、牧、渔业历年能源消费情况的统计，1980 年我国农、林、牧、渔业能源消费仅为 4692 万吨标准煤，在此后的 30 年间呈波动上升趋势，2010 年以后基本为稳中有升的趋势，2016 年的消费量为 8544 万吨标准煤。

表 4-1 和图 4-3 为重庆、四川、贵州和云南四省（直辖市）2016 年农、林、牧、渔业能源消费实物量和折算成标准煤后的所占比例。与全国的情况类似，煤、柴油和电力是其主要组成，但是各省的情况又有所不同。重庆以煤为主，实物量达 60.1 万吨，折合标准煤 42.93 万吨，占总量的 54.69%；其次为柴油，实物量达 12.54 万吨，折合标准煤 18.2 万吨，占 23.19%；汽油实物量 10.22 万吨，折合标准煤 15.4 万吨，占 19.62%。四川以柴油为主，消费 149.8 万吨，折合标准煤 217.42 万吨，占 90.20%；其次为焦炭，占 4.02%。贵州以

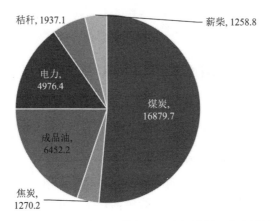

图 4-1 我国农村生产用能组成（单位：万吨标准煤；丛宏斌等，2017）

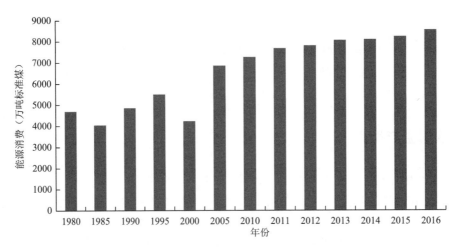

图 4-2 我国农、林、牧、渔业历年能源消费总量

数据来源：《中国能源统计年鉴（2017）》

煤为主，消费实物量为 195.47 万吨，折合标准煤 139.62 万吨，占总消费的 76.16%，其次是柴油和汽油，分别仅占 14.25% 和 8.03%；云南也是以煤为主，消费实物量为 217.96 万吨，折合标准煤 155.69 万吨，占总消费量的 75.87%，其次是柴油和汽油，仅占 13.85% 和 6.05%。

表 4-1 西南地区 2016 年农、林、牧、渔业能源消费情况（实物量）

省（直辖市）	煤（万吨）	焦炭	汽油（万吨）	煤油（万吨）	柴油（万吨）	天然气（万立方米）	电力（亿千瓦时）	其他（万吨标准煤）
重庆	60.1	—	10.22	—	12.54	0.95	2.89	—
四川	8.18	9.98	1.5	0.21	149.8	0.01	13.77	29.83
贵州	195.47	—	10	—	18	—	7.07	—
云南	217.96	2.6	8.43	0.08	19.58	0.01	14.88	—

数据来源：《中国能源统计年鉴（2017）》。

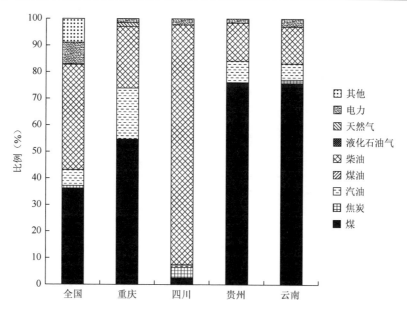

图 4-3　西南地区 2016 年农、林、牧、渔业能源消费情况（单位：万吨标准煤）

数据来源：根据《中国能源统计年鉴（2017）》数据换算

4.1.2　农村生活用能

全国农村生活用能消费结构如图 4-4 所示，商品能源消费量约为 2.22 亿吨标准煤，占农村生活用能的 51.6%，非商品能源消费总量约为 2.08 亿吨标准煤，占 48.4%。商品能源消费中煤炭消费量折合 14 530.1 万吨标准煤，占农村生活用能消费量的 33.8%；电力消费量 1202.3 亿千瓦时，折合 4027.8 万吨标准煤，占农村生活用能消费量的 9.4%；成品油消费量折合 2232.7 万吨标准煤，占 5.2%；液化石油气为 1281.7 万吨标准煤，占 3.0%；天然气消费量折合 106.3 万吨标准煤，占 0.3%；煤气消费量折合 13.9 万吨标准煤，占 0.03%。非商品能源消费中秸秆消费量折合 11 959.8 万吨标准煤，占农村生活用能消费量的 27.8%；薪柴消费量折合 6760.2 万吨标准煤，占 15.7%；沼气消费量折合 1107.0 万吨标准煤，占农村生活用能消费总量的 2.6%；太阳能利用量折合 1009.8 万吨标准煤，占 2.4%（丛宏斌等，2017）。

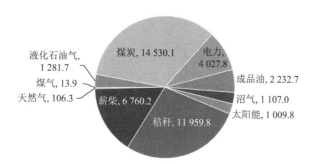

图 4-4　我国农村生活用能组成（单位：万吨标准煤；丛宏斌等，2017）

农村生活用能总量和组成与人口数量、经济发展水平相关，也与区域气温条件、经济发展水平及农民生活习惯等有关。如表 4-2 所示，西南四省（直辖市）中农村生活用能总量最大的为人口最多的四川，同时该省也是人均消费能源量最高的省份，达到 0.87 吨标准煤/人；贵州的能源消费总量和人均消费能源量均居第 2 位，分别为 1802.4 万吨和 0.86 吨标准煤/人；云南的消费总量为 1250.6 万吨，居第 3 位，但是人均消费能源量仅有 0.46 吨标准煤/人；重庆的消费总量为 791 万吨，人均消费量为 0.65 吨标准煤/人。从商品能源的比例来看，四川最低，仅为 30.6%，最高的为贵州，高达 64.3%。

表 4-2　西南地区农村生活用能来源与人均能源消费量（丛宏斌等，2017）

省（直辖市）	总量（万吨）	商品能源（万吨）	非商品能源（万吨）	商品能源比例（%）	人均消费能源量（吨标准煤/人）
重庆	791	400.3	390.7	50.6	0.65
四川	3800.6	1161.4	2639.2	30.6	0.87
贵州	1802.4	1159.5	642.9	64.3	0.86
云南	1250.6	526	724.6	42.1	0.46

表 4-3 和图 4-5 为 2016 年全国与西南四省（直辖市）农村生活能源的消费情况，煤和电力是主要生活用能的来源，在贵州和云南，煤仍是主要的生活能源来源；在四川、云南和重庆，汽油的占比也较大。四川汽油是主要的消费品，而重庆市则以其他能源消费为主。与全国相比，西南地区的农村用能消费仍存在消费来源单一等问题。

表 4-3　西南地区 2016 年农村生活能源消费情况（实物量）

省（直辖市）	煤（万吨）	汽油（万吨）	煤油（万吨）	柴油（万吨）	液化石油气（万吨）	天然气（万立方米）	电力（亿千瓦时）	其他（万吨标准煤）
重庆	43.22	17.14	—	8.92	4.84	—	62.02	326.28
四川	184.2	147.87	0.28	4.15	5	4.37	161.61	—
贵州	648.62	5.56	—	8.77	4.31	0.25	77.16	—
云南	366.05	49.74	—	12.94	15.72		99.32	—

数据来源：《中国能源统计年鉴（2017）》。

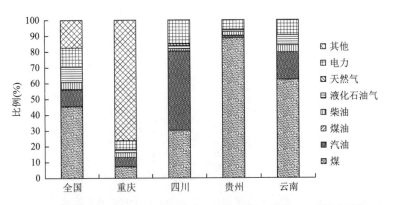

图 4-5　西南地区 2016 年乡村生活能源消费情况（单位：万吨标准煤）

数据来源：根据《中国能源统计年鉴（2017）》数据换算

4.1.3　农民做饭、取暖使用的能源

第三次全国农业普查对我国农民做饭、取暖使用的主要能源进行了调查统计分析，调查过程中设置了柴草（包括秸秆）、煤、煤气、天然气、液化石油气、沼气、电、太阳能，以及其他能源（如牛粪等）选项，每户最多选两项。根据《第三次全国农业普查主要数据公报（第四号）》可知（表4-4），截至2016年年底，我国农民做饭取暖使用的能源中，主要使用电的农户占58.6%，主要使用煤气、天然气、液化石油气的农户占49.3%，主要使用柴草的农户占44.2%，主要使用煤的农户占23.9%，主要使用沼气的农户占0.7%，使用其他能源的农户0.5%，主要使用太阳能的农户占0.2%。沼气和太阳能的占比仍较小。从地域来看，中部和东部的发达地区煤气、天然气、液化石油气的占比较大，而西部和东北的相对经济落后地区的柴草仍占很大的比例。

表 4-4　我国主要生活能源构成

来源	全国比例（%）	东部地区比例（%）	中部地区比例（%）	西部地区比例（%）	东北地区比例（%）
柴草	44.2	27.4	40.1	58.6	84.5
煤	23.9	29.4	16.3	24.8	27.4
煤气、天然气、液化石油气	49.3	69.5	58.2	24.5	20.3
沼气	0.7	0.3	0.7	1.2	0.1
电	58.6	57.2	59.3	59.5	58.7
太阳能	0.2	0.2	0.3	0.3	0.1
其他	0.5	0.2	0.2	1.3	0.1

注：此指标每户可选两项，分项之和大于100%。

数据来源：《第三次全国农业普查主要数据公报（第四号）》。

4.1.3.1　四川省

根据《四川省第三次全国农业普查主要数据公报（第四号）》，四川省第三次全国农业普查对全省1812.51万农户进行了调查。截至2016年年底，在农户做饭、取暖使用的能源中，主要使用电的有1062.06万户，占58.6%；主要使用煤气、天然气、液化石油气的有680.51万户，占37.5%；主要使用柴草的有1145.76万户，占63.2%；主要使用煤的有37.80万户，占2.1%；主要使用沼气的有40.91万户，占2.3%；使用其他能源的有15.48万户，占0.9%；主要使用太阳能的有4.32万户，占0.2%（表4-5）。

表 4-5　四川省农村主要生活能源构成

来源	全省比例（%）	成都平原经济区比例（%）	川南经济区比例（%）	川东北经济区比例（%）	攀西经济区比例（%）	川西北生态经济区比例（%）
柴草	63.2	55.3	59.4	73.8	74.3	72.7
煤	2.1	0.2	6.5	2	0.5	2.4
煤气、天然气、液化石油气	37.5	45.5	43.3	32.6	1.8	2.5
沼气	2.3	2	1.6	1	12.3	1.2

来源	全省比例 （%）	成都平原经济区 比例（%）	川南经济区 比例（%）	川东北经济 区比例（%）	攀西经济区比 例（%）	川西北生态经 济区比例（%）
电	58.6	64.7	51.3	50.9	80.4	50
太阳能	0.2	0.2	0.3	0.1	0.8	1.3
其他	0.9	0.4	0.7	0.4	0.5	18.5

数据来源：《四川省第三次全国农业普查主要数据公报（第四号）》。

柴草仍是四川省农村生活用能的主要组成，尤其是在经济较为落后的川东北、攀西和川西北地区，比例均高达 70%以上。电能是四川省农村生活用能的第二选择，均在 50% 及以上，尤其是攀西地区更是高达 80%以上的农村居民以电能为主。煤气、天然气、液化石油气也是成都平原、川南、川东北等经济较为发达地区农村的重要选择。与全国的平均水平有所不同，煤在四川地区的占比较小。户用沼气在四川地区发展较好，虽然占比只有 2.3%，但已是全国比例最高的省份之一，四川省的户用沼气作为农村生活能源以攀西地区比例最高，高达 12.3%。由于四川盆地的气候条件，太阳能在四川农村地区主要以加热生活用水为主，不是主要生活用能的来源。

4.1.3.2　重庆市

根据《重庆市第三次全国农业普查主要数据公报（第四号）》，第三次全国农业普查对全市 643.21 万农户进行了调查。截至 2016 年年底，在重庆市农民做饭、取暖使用的能源中，主要使用电的农户达 443.48 万户，占 68.9%；主要使用煤气、天然气、液化石油气的有 237.07 万户，占 36.9%；主要使用柴草的有 393.49 万户，占 61.2%；主要使用煤的有 16.93 万户，占 2.6%；主要使用沼气的有 3.91 万户，占 0.6%；主要使用太阳能或其他能源的有 1.80 万户，占 0.3%。电能和柴草是重庆市农户首选的两个生活用能来源，均在 60%以上，煤气、天然气、液化石油气也占有一定的比例。与四川类似，煤在重庆的所占比例较小，沼气、太阳能和其他能源所占比例也较小。

4.1.3.3　云南省

根据《云南省第三次全国农业普查主要数据公报（第四号）》，在第三次全国农业普查中云南省对 881 万农户的做饭、取暖使用的能源进行了调查，其中主要使用电的有 740.1 万户，占 84.0%；主要使用柴草的有 584.1 万户，占 66.3%；主要使用煤的有 115.1 万户，占 13.1%；主要使用煤气、天然气、液化石油气的有 32.7 万户，占 3.7%；主要使用沼气的有 20.7 万户，占 2.3%；使用其他能源的有 4.0 万户，占 0.5%；主要使用太阳能的有 4.9 万户，占 0.6%。电能是云南省农民生活用能的主要来源，云南省微型水力发电分布较为发达，截至 2016 年年底，云南省有 5065 处微型水力发电，总装机容量 10 626 千瓦。同时云南省植被覆盖度更高，薪柴资源丰富，柴草也一直是云南农村主要生物用能来源。近年来云南省为了缓解农民生活用能砍伐森林对环境的压力而大力发展沼气，从而使沼气也占有一定的比例。

4.1.3.4 贵州省

根据《贵州省第三次全国农业普查主要数据公报（第四号）》，贵州省第三次全国农业普查对全省 798.79 万农户进行了调查，在农民做饭、取暖使用的能源中，主要使用电的有 705.05 万户，占 88.27%；主要使用煤的有 343.50 万户，占 43%；主要使用柴草的有 312.11 万户，占 39.07%；主要使用煤气、天然气、液化石油气的有 34.61 万户，占 4.33%；使用其他能源的有 5.05 万户，占 0.63%；主要使用沼气的有 3.58 万户，占 0.45%；主要使用太阳能的有 1.55 万户，占 0.19%。贵州省农村生活用能的组成与云南类似，电能是主要的生活用能来源，2016 年年底贵州省微型水力发电有 2596 处，总装机容量 5370 千瓦。煤是贵州省农村的另一个占比较大的生活用能来源，其次是柴草。在我国发达地区农村占比较大的煤气、天然气、液化石油气的比例仍较低，沼气和太阳能的比例也相对较低。

与全国相比，西南地区的柴草利用比例要高一些，尤其是重庆、贵州和云南；电能利用比例较大也是西南地区较为显著的特点，尤其是云南和贵州，这与当地微型水力发电较为发达有关；煤的利用率除了贵州较高外，其他三个省份都比全国低；但是煤气、天然气、液化石油气在四川和重庆的利用率较高，其他两个省份利用率较低；西南地区是户用沼气和农村集中供气发展较快的地区，四川和云南均达到 2.3%，高于全国平均水平。

我国的两次（第二次和第三次）农业普查对农村生活能源的调查方法有所差异，第二次普查（以 2006 年年底为截止时间）要求农户只选择一种方式作为其主要能源，而第三次普查（以 2016 年年底为截止时间）则要求农户最多选择两种方式作为其主要能源。虽然无法对两次数据直接进行对比，但是通过图 4-6 仍可以看出明显的变化趋势：①柴草的利用在全国范围内显著降低，在西南地区也有一定的降低趋势；②四川、重庆和云南的煤炭使

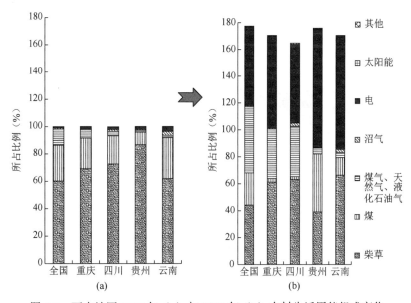

图 4-6 西南地区 2006 年（a）与 2016 年（b）农村生活用能组成变化

用在减少，但是贵州明显在增加；③电能出现明显的增加趋势；④煤气、天然气、液化石油气的使用明显增加，尤其是重庆和四川；⑤沼气的使用所占比例较低，变化不明显。

4.2　西南地区的农村能源贫困情况分析

能源贫困（energy poverty）一般是指没有电力接入和清洁燃料接入因而无法享受现代能源服务的一种状况。联合国开发计划署认为，当无法获得充足和负担得起清洁安全的能源时，就属于能源贫困。能源贫困大致可分为两种：第一种是没有能源接入的基础设施或现代燃料使用工具，即缺乏电力及其他现代燃料接入，缺乏使用现代能源的家庭设备；第二种是指在有能源接入的情况下，经济能力难以负担家庭燃料所需。目前我国农村地区的能源贫困集中体现在柴草、木炭和煤炭等固体燃料利用方面（主要是炊事和取暖），以第二种类型的能源贫困为主。

如图 4-7 所示，能源贫困受制于区位环境和资源禀赋，农户的自身原因是关键因素，经济的发展是主要驱动力。区位环境的因素决定了经济发展水平和农户自身的特征。农户对燃料的喜好也受经济水平发展的影响。经济水平的发展会影响农民的家庭收入、农民受教育程度和对职业的选择等，从而选择利用更好的居住条件和清洁能源。

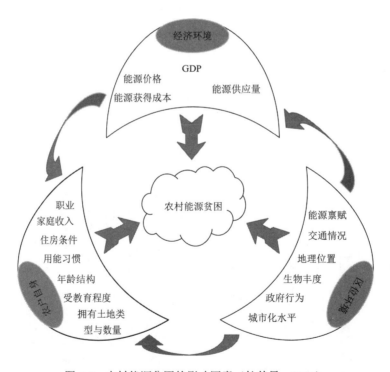

图 4-7　农村能源贫困的影响因素（杜梦晨，2018）

经济的发展影响农民对能源的选择，在总体上随着收入的增加，燃料类型的选择从固体燃料向非固体燃料发展（图 4-8）。我国大部分的城镇基本上实现了电力和天然气的覆盖，生活用能除了集中供暖外，基本上以电力和天然气为主。但是农村地区由于经济发展程度不一，东部有些经济情况较好的村已经实现了电力和天然气覆盖，但是有些经济较为落后的村仍以薪柴等为主，一些高原地区的牧民甚至仍以牛粪等为燃料。从总体来讲，我国农村家庭能源消费结构正从以前的以生物质能消费为主导的第一阶段过渡到第二阶段，正处于生物质能消费显著回落，电力和天然气等高品质能源显著增加，煤炭和沼气消费量趋于稳定的时期（魏楚和韩晓，2018）。

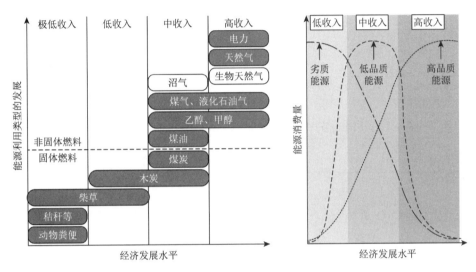

图 4-8 经济发展对能源选择的影响（WHO，2006；魏楚和韩晓，2018）

4.2.1 西南地区农村能源贫困的现状

西南地区位于我国的西南内陆，交通闭塞，自古以来就是经济欠发达的地区，虽然近年来其在国家西部大开发战略等的支持下有了较大的发展，但是西南地区的经济水平较东部地区仍然较低。在资源方面，贵州的煤炭资源、四川的天然气资源、四川和云南的水电资源较为丰富，但是由于交通等因素的影响，一些农村地区能源贫困问题仍然较为严重。

对于西南地区来说，绝大部分的地区已经实现了电力的"村村通"和"户户通"，而且根据第三次农业普查的数据，四川和重庆分别有 45.9%和 38.9%的村通了天然气（表 4-6）。但是由于经济能力有限，大多数的农户难以单独依靠电力支撑起整个家庭的炊事和取暖用能，大部分的家庭电能主要用于照明和家用电器用能。表 4-7 为依据现有的农村居民能源消费能力和电价进行换算的结果，人均消费能源量来自于从宏斌等（2017）的统计数据，在所有用能都为电力的情景下，各省（直辖市）的情况有所不同，人均所需的经济投入最高的是四川省，需要 3698.03 元/年，最少的是云南省，为 1684.3 元/年。这些数据均占各省农村居民 2016 年可支配收入的 18%以上，最高的接近 40%。2016 年全国城镇居民与居住有关的人均现金支出（包括房租、水、电、燃料和物业管理等方面的支出，也包括自有住房折算租金）为 1810.4 元，仅占 2016 年全国城镇居民人均可支配收入（33 616.2 元）

的 5.4%。在现有的经济水平下，西南地区农村生活用能无法实现全部依靠电能，仍需要发展多种类型的能源。

表 4-6　西南地区农村电力和天然气覆盖情况

区域	通电村所占比例（%）	通天然气村所占比例（%）
重庆	100	38.9
四川	未公布	45.9
贵州	99.95	4.18
云南	99.98	2.7
全国	99.7	11.9

数据来源：全国和各省第三次农业普查公报。

表 4-7　西南地区农村生活用能在全部使用电能的情景下所需经济投入

省（直辖市）	人均消费能源[千克标准煤/（人·年）]	所需电量（千瓦时）	电价（元）	所需支付金额（元/年）	占 2016 年人均可支配收入的比例（%）
重庆	650	5288.85	0.52	2750.20	23.81
四川	870	7078.93	0.5224	3698.03	33.01
贵州	860	6997.56	0.4556	3188.09	39.41
云南	460	3742.88	0.45	1684.3	18.67

　　经济发展水平影响农户对能源的选择，西南地区大部分处于中等或低等收入水平，煤炭、薪柴、木炭和沼气等较低品质的能源是主要类型，甚至有些资源匮乏的地区仍在使用动物粪便等作为燃料。

　　西南地区不同地区间的经济发展情况有很大差异，能源贫困情况也有所不同。张忠朝（2014）对贵州省盘州市的调查分析表明，在受访的 281 个对象中有 265 个属于能源贫困家庭，能源贫困率高达 94%。农村家庭能源消费结构贫困主要体现在除了电力之外的煤炭、薪柴、液化气、汽油、柴油、沼气和太阳能等多元化的能源结构的缺乏。研究发现，由于能源价格昂贵及能源服务不到位等，煤炭和天然气/液化气是目前农村最为缺乏的能源。袁玲等（2018）对云南省宣威市的调查分析表明，所涉及的 354 个乡村中有 155 个乡村处于相对能源贫困状态，贫困乡村个数比例为 43.79%，乡村平均能源贫困深度水平为 0.41。孙威等（2014）以云南省怒江州为案例，基于 564 份农户调查问卷进行了实证分析，研究发现，怒江州能源贫困的广度为 0.66，能源贫困的深度为 0.40，能源贫困的差异度为 0.17。

4.2.2　西南地区农村能源贫困变化趋势分析

　　笔者以 2007～2016 年为研究时段，以西南地区四个省级行政单位为基本单元，采用泰尔指数（Theil index）分析了西南地区农村能源贫困程度的变化情况。考虑目前中国农村地区的能源利用情况及国家对农村地区能源利用的政策导向，用人均生活用电量、人均液化气使用量、人均沼气使用量、太阳能热水器与太阳房人均覆盖面积来表征能源接入程度，用清洁炊具普及率（每百户拥有的抽油烟机台数和每百户拥有的太阳灶）来表征能源服务程度，数据来源于历年的《中国农村统计年鉴》、《中国农村能源年鉴》、《中国能源统计年鉴》和《中国农业统计资料》。人均生活用电量、人均液化气使用量、人均沼气使用量、太阳能热水器与太阳房人均覆盖面积及清洁炊具普及率越低，能源贫困程度越高。为了评估不同区域的农村能源贫困水平，首先对上述指标进行标准化处理，然后利用熵值法确定权重，最后采用加权求和法计算不同省份的农村能源贫困指数。

$$P = \sum_{i=1}^{n} W_{ij} \times y_{ij}$$

式中，P 为 i 省农村能源贫困指数；W_{ij} 为 i 省农村第 j 项指标的标准化值；y_{ij} 为 i 省农村第 j 项指标的权重。P 越大，即能源贫困指数越大，则能源贫困状况越显著。其中，人均生活用电量、人均液化气使用量、人均沼气使用量、人均太阳能热水器覆盖面积、人均太阳房覆盖面积、每百户拥有的抽油烟机台数和每百户拥有的太阳灶的权重分别为 0.22、0.12、0.17、0.11、0.13、0.10 和 0.15（赵雪雁等，2018）。

图 4-9 为利用泰尔指数对西南地区农村能源贫困情况的分析，虽然各地区能源贫困指数在各年份间波动变化，但是总体而言呈降低趋势，尤其是四川和重庆下降幅度最大。

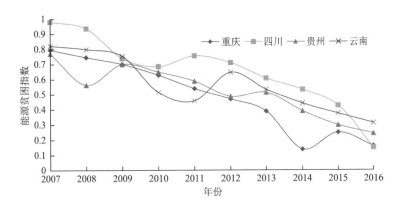

图 4-9　西南地区近 10 年（2007～2016 年）的能源贫困指数变化

4.3　西南地区农村生活用能分区

农村生活能源消费结构是基于农户消费行为的决策结果。这种选择是多方因素共同作用的结果，主要包括能源的可获取性、经济因素和家庭特征三个方面的影响（图 4-10，梁育填等，2012）。西南地区在气候条件和生活习惯等方面虽然有很多的相似之处，但是由于地形地貌、经济水平和民族组成等的差异，在不同的区域间生活能源结构有所差异。

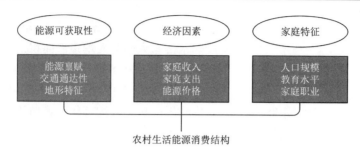

图 4-10　农村生活能源消费结构影响因素（梁育填等，2012）

在农村生活用能结构中家用电器和照明部分基本来自于电能，主要在炊事、生活热水和取暖方面存在一定的差异。根据西南地区农村的能源利用情况可以将其分为四川盆地区、盆周山区、横断山区、川西北高原区、云南高原区和贵州高原区 6 个区域。

4.3.1　四川盆地区和盆周山区

四川盆地区包括四川中东部和重庆大部，海拔 250～750 米，面积约为 16 万平方千米，自西向东分为成都平原、川中丘陵和川东平行岭谷。农村地区以平原和丘陵为主，交通相对便利，水果和粮油作物是主要作物，农民的经济来源为外出务工和农业劳作，经济可支配水平较西南地区的其他地区高，该区域是西南地区农村经济最为发达的区域。

四川盆地区农村生活用能能源类型有薪柴、秸秆、煤炭、电力、树叶和草、沼气与液化气等，主要用于炊事、取暖、照明及家用电器。根据贺普春和张红丽（2018）2014 年的调研结果可知，四川省农村地区农村能源组成中薪柴占的比例最大，有 76.6% 的农户仍在使用薪柴作为主要能源，其次是电能，比例与薪柴相当，达到 71.3%，主要用于家用电器和照明，再次依次为沼气、煤、液化气，这三者比例相当，在 35%～40%，并以沼气最高（39.2%），主要用于炊事和取暖（图 4-11）。

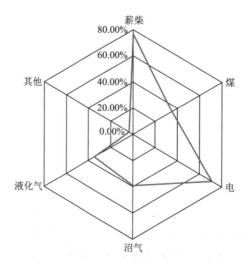

图 4-11　四川地区农村不同生活用能所占的比例（贺普春和张红丽，2018）

4.3.1.1 炊事

四川盆地区是传统的农耕区，秸秆和薪柴是传统的炊事用能来源。近几十年来，随着经济和社会的发展，炊事用能结构发生了很多的变化，总体而言，秸秆和薪柴的用量在减少，电能、沼气和液化气等的用量在增加。

图 4-12 是笔者在对四川省丹棱县某农户进行调研时所拍摄的情景，该农户的厨房用能主要由三部分组成：薪柴、沼气和煤炭。薪柴主要是用于加工猪食等，沼气主要用于平时的做饭和烧水，而蜂窝煤炉作为做饭与烧水的补充，并用于冬天取暖。该农户是建有沼气池的农户，而没有修建沼气池的农户的用能来源中薪柴仍占主要地位，电能、罐装液化气和煤炭作为重要的补充，也有经济条件比较好的农户主要以电能或罐装液化气为主。

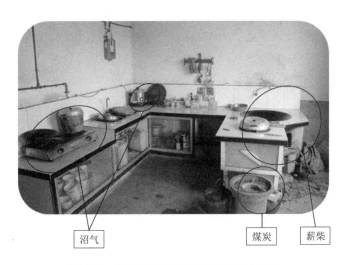

沼气　　煤炭　薪柴

图 4-12　四川省丹棱县某农户厨房的情景

调研发现，在四川盆地区的四川东部和重庆西部等区域的农村炊事能源的构成主要有四种类型（图 4-13）：①以沼气为主的类型，川渝地区是我国生猪散户养殖发展较好的地区，也是我国户用沼气发展较好的地区，沼气为农民提供了廉价的清洁能源，但是由于季节和养殖规律的影响，一般会使用电磁炉、烧柴灶和蜂窝煤炉等辅助设备，利用电能、柴草和煤炭作为补充；②以秸秆和薪柴为主的类型，一些经济欠发达，交通不便利的农户仍以柴草为主要能源，但是也会使用电能、液化气和煤炭作为辅助等；③以液化气为主的类型，一般来说液化气相对于电能便宜，但是在方便程度上较电能差，一些经济情况较好、交通较为便利的地区的农户会优先选择罐装液化气，但会以电能和煤炭作为辅助能源；④以电能为主的类型，经济情况好的农户会选择电能作为主要用能来源，主要利用电磁炉和电饭煲等电器，但是有时也会配置蜂窝煤炉或薪柴生物质炉进行取暖和炊事。

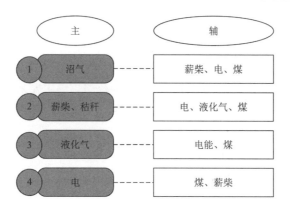

图 4-13　四川盆地区农户的四种炊事能源利用类型

这四种类型中以沼气为主的类型最为经济、生态。但是研究表明，农户是否选择沼气受劳动力转移人数、户主受教育水平、耕地面积、养猪数量、人均农业纯收入及政府支持等因素的显著影响，而家庭常住人口、人均劳动力转移收入及替代能源消费量对农户选择沼气具有抑制作用（王萍和朱敏，2018）。在散户养殖减少、农村劳动力外流和经济水平提高的大背景下，西南地区户用沼气的利用率正逐渐降低。

4.3.1.2　热水

热水除了饮用外也包括用于洗澡、洗漱和洗刷餐具等，饮用热水的来源与炊事基本相同，但是电能在其中起到更多的作用。而对于洗澡、洗漱和洗刷餐具等的热水来源，太阳能热水器则起着很关键的作用。四川盆地区太阳能资源并不丰富，阴雨天气较多，是我国太阳能资源分布最差的地区，但是在调研中发现，该地区太阳能热水器仍能正常提供热水（图 4-14）。根据贺普春和张红丽（2018）的调研结果可知，四川地区的太阳能在热水供应中的比例占到 30%。

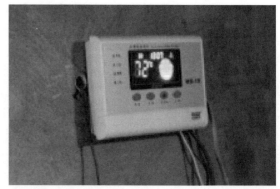

图 4-14　四川盆地区的太阳能热水器

4.3.1.3　取暖

　　四川盆地区冬季气温一般在0℃以上，但是由于气候阴冷，冬季取暖仍在农村生活用能中占重要的地位。取暖用能主要来源于电能及煤、薪柴和秸秆的燃烧。在电能方面主要依靠电暖器和空调，其中以电暖器最为普及，约三分之二的家庭拥有不同类型的电暖器，而只有不到30%经济条件较好的家庭拥有空调。秸秆和薪柴仍是四川地区农户冬季取暖的主要来源，有超过70%的家庭会利用薪柴取暖，超过40%的家庭会选择利用秸秆取暖，四川盆地区虽然不是煤炭的产区，但是仍有接近30%的农户会选择煤炭进行取暖（图4-15）。

　　总体来讲，商品能源在取暖中占主导地位，而且从发展趋势来看，电能会是将来主要的取暖能源，从调查结果来看，约70%的农户在未来会选择空调进行取暖。

　　盆周山区是指围绕在四川盆地周围边缘、海拔高于1000米的山地区域，它呈菱形分布于四川盆地四周，面积约8万平方千米。地势以中低山为主，东缘有巫山和七曜山，东南和南缘为大娄山，西缘有龙门山、邛崃山和大相岭等，北缘有米仓山和大巴山。相比于四川盆地的平原和丘陵地区，盆周山区缺乏相对较好的地理区位和交通条件，是经济社会发展相对滞后的区域。

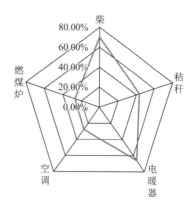

图4-15　四川盆地区冬季农户取暖能数源来源（贺普春和张红丽，2018）

　　由于经济和交通的限制，农村发展相对落后，外出务工是其重要的经济来源，导致农村劳动力减少，发展动力不足。盆周山区的农村用能结构与四川盆地丘陵区基本相似，但是由于经济更为落后和交通更为不便利，薪柴和秸秆的使用率较平原区更高，巴中和广元等地的薪柴使用率要高于其他平原和丘陵区域（贺普春和张红丽，2018）。盆周山区适合于户用沼气的发展，沼气在农村生活用能中起着重要的作用，缓解了薪柴砍伐对生态环境的压力。

4.3.2　横断山区和川西北高原

　　横断山区位于青藏高原东南部，通常为四川、云南两省西部和西藏自治区东部南北走向山脉的总称。东起邛崃山，西至伯舒拉岭，北达昌都、甘孜至马尔康一带，南抵中缅边境的山区，面积60余万平方千米。川西北高原位于中国四川省西北部的甘孜藏族自治州、阿坝藏族羌族自治州境内，面积约16.6万平方千米。该地区海拔较高，居民以藏族和彝族等少数民族为主，牧业和农业是农村的主要经济支柱，经济水平相对落后。

　　横断山区山高谷深，交通不便，由于缺乏现代化的能源，农户只能使用薪柴、秸秆和树叶等生物质能源，能源贫困已经成为制约当地发展和农户生计资产改善的重要因素。

　　从笔者的实地调研和文献调研情况来看，薪柴仍是横断山区主要的生活用能来源，藏族和彝族的火塘是日常生活做饭和取暖的主要来源，其主要依靠薪柴（图 4-16）。滇西北的兰坪县和香格里拉县薪柴的使用率分别约达 85%和 98%（表 4-8）。怒江州 88%以上的农户使用薪柴，其中有 69.5%的农户全年使用薪柴，而 84.6%的农户一年有 6 个月以上的时间使用薪柴，使用薪柴的农户平均每年使用薪柴的月数达到 9.8 个月（表 4-9 和表 4-10）。在能源用途方面，怒江州 92.6%的农户使用薪柴做饭，使用薪柴取暖的农户也占到了 46.3%（孙威等，2014）。

图 4-16　四川彝族地区的厨房与室内取暖用的火塘

表 4-8　横断山区两个县人均各类能源消耗量（吴燕红等，2008）

能源种类	兰坪县（农区）		香格里拉县（农牧交错区）	
	人均标准煤用量（千克）	所占比例（%）	人均标准煤用量（千克）	所占比例（%）
薪柴	437.09	85.44	861.70	97.93
木炭	26.11	5.1	1.45	0.16
秸秆	2.35	0.46	0	0
煤炭	4.79	0.94	0.16	0.02
沼气	7.96	1.56	0.46	0.05
液化气	5.44	1.06	1.68	0.19
太阳能	3.15	0.62	0.58	0.07
电力	24.67	4.82	14.44	1.64
总能源	511.57	100	878.99	100

表 4-9　各类能源在云南省怒江州农户中的普及率（孙威等，2014）

能源类型	泸水县普及率（%）	福贡县普及率（%）	贡山县普及率（%）	兰坪县普及率（%）	怒江州普及率（%）
电力	65.2	70.6	95.5	65.7	77.3
薪柴、秸秆	84.4	86.3	92.4	87.6	88.3
沼气	14.8	5.5	5.1	13.3	8.7
煤炭	6.1	1.4	6.1	14.3	6.4

表 4-10   云南省怒江州使用薪柴农户的使用时间（孙威等，2014）

	泸水县	兰坪县	福贡县	贡山县	怒江州
全年 12 个月使用薪柴的农户比例（%）	65.2	68.6	71.2	71.2	69.5
全年使用薪柴超过 6 个月的农户比例（%）	81.7	83.8	81.5	88.9	84.6
平均每年使用薪柴的时间（月）	9.4	9.9	9.7	10.2	9.8

　　川西北高原地区草原广阔，森林资源相对匮乏，柴草和牛粪成为其主要的燃料来源。阿坝藏族羌族自治州无论是农区、农牧交错区还是牧区，基本都采用柴草和动物粪便等传统手段作为做饭的燃料（表 4-11）。农区和农牧交错区以柴草为主，而牧区则以牛粪为主（图 4-17），所占比例高达 55.95%。

表 4-11   阿坝州不同区域的使用不同类型的农户所占的比例（王素霞等，2012）   （%）

类型	煤	电	液化气	沼气	柴草	其他（牛粪等）
农区	1.43	14.37	1.73	2.33	78.13	2
农牧交错区	0.65	2.8	0.65	0.29	87.86	7.76
牧区	2.08	0.38	2.46	0	39.13	55.95

图 4-17   牧区的牛粪堆和室内新型的生物质能炉

　　高原地区太阳能资源丰富，太阳灶和太阳能热水器等有一些应用。以农业为主的区域或者农牧交错区的沼气也有一定的发展，如四川凉山彝族自治州等地区沼气发展良好，户用沼气和农村集中供气为农民提供了清洁能源。2017 年，凉山彝族自治州在 13 个移民新居和异地移民搬迁点建成户用沼气 1982 口，引导改厨、改厕和改圈 1982 户，累计建成户用沼气 35 万口。2017 年，凉山彝族自治州新增 5 个集中供气点，供气 355 户农户，累计建成 77 处集中供气工程，集中供气 3000 多户，每年可节约支出 200 多万元。在金阳县建成了四川省首个高海拔地区集中供气工程，让 3000 米海拔以上的高寒山区农户用上了沼气。

随着经济的发展，该区域的一些政府一直在加大能源基础设施的建设，如云南省怒江州以电力为代表的现代能源普及率不断上升，但仍未彻底改变长期以来对薪柴这种传统能源的依赖。薪柴和电力是目前怒江州农户使用量最多的能源，但在使用强度与可获得性方面，薪柴超过了电力，仍是怒江州农户最主要的能源消费类型。

总体来讲，横断山区和川西北高原区农户生活能源消费结构单一，商品能源消费比例低，新能源使用量少，以生存性能源消费为主；能源消费主要依赖当地资源禀赋，且在预算有限的情况下，会被迫选择使用不便但经济成本更低的生物质能源。

4.3.3　云南高原区

云贵高原西起横断山、哀牢山，东到武陵山、雪峰山，东南至越城岭，北至长江南岸的大娄山，南到桂、滇边境的山岭，东西长约 1000 千米，南北宽 400～800 千米，总面积约 50 万平方千米。大致以乌蒙山为界分为云南高原和贵州高原两部分。

云南高原地理范围自横断山脉地区南部以东，其南边紧接云南热带地区，北边大抵以金沙江北坡为界，东缘止于云南省境，大部分地区海拔 1500～2000 米，平均海拔较贵州高原高。

云南高原地区森林资源丰富，薪柴一直是农民生活用能的主要来源，目前虽然有电能、太阳能、沼气和液化石油气等其他类型能源的补充，但是薪柴和秸秆仍占重要的比例，除了果树等修剪的枝条和秸秆外，一些薪炭林也是重要的薪柴来源，薪柴和秸秆一般以直接燃烧为主，也可以制作木炭或者固化成型燃料。图 4-18 为云南高原地区常见的秸秆和薪柴原料。图 4-19 为云南高原地区常见的厨房炊事、提供热水和取暖用的炉灶与电器，云南高原太阳能资源丰富，太阳能热水器普及率较高，主要为洗澡

图 4-18　云南高原地区常见的秸秆和薪柴原料

和洗漱等提供热水。冬季取暖则以薪柴、木炭和煤炭为主，一些小型的电暖器也正在普及。

图 4-19 云南高原地区厨房炊事和取暖用的炉灶电器等

梁育填等（2012）曾于 2005 年对云南省昭通市的农村生活能源进行了调查，其农村生活能源主要用于炊事、取暖、烘烤烟叶、照明和家用电器，主要能源类型有煤炭、薪柴、秸秆、电力、树叶和草及沼气等。由于昭通市煤炭资源丰富，农户人均煤炭消费比例占到 53%，尤其以坝区、河谷和中山地区农户为主，农户人均煤炭消费量占总消费量的 71%。同时，薪柴和秸秆等非商品性能源仍是农户利用最广泛的农村能源，约占 1/3 的农户使用薪柴和秸秆作为燃料，农户人均消费的薪柴和秸秆共计 208.35 千克标准煤，在农户能源消费结构中占 42%，高山地区农户人均薪柴消费比例高达 69%。能源消费结构中电力所占比例较小，仅占 2%。沼气数量仍比较有限，仅占能源消费的 0.74%（图 4-20）。

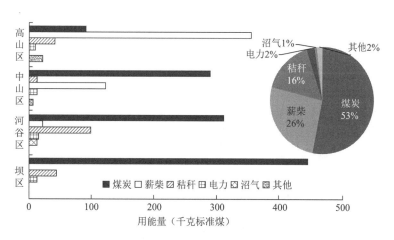

图 4-20 云南省昭通市的农村用能组成（梁育填等，2012）

图 4-21 为笔者在云南省红河哈尼族彝族自治州调研所拍摄的某农户厨房内的情景，沼气是其主要的炊事用能来源，但是也要辅助于薪柴和电能，厨房内有柴灶和电磁炉。

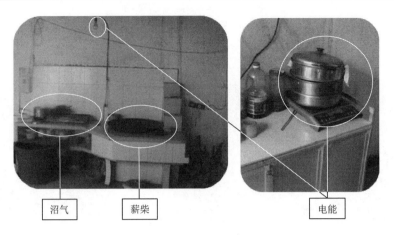

图 4-21　云南省红河哈尼族彝族自治州某农户厨房内情景

综上所述，薪柴虽然仍在云南高原地区农村生活用能中起着重要的作用，但是能源来源正向多样化发展，电能、太阳能和沼气都有一定的发展。应该根据该区域的资源禀赋，合理高效地利用资源，采取多能互补的方式发展农村能源。

4.3.4　贵州高原区

贵州高原位于广西盆地与四川盆地之间，属于云贵高原的一部分，处于长江水系与珠江水系的分水岭地带，面积 17.6 万平方千米，平均海拔 1000 米，有"天无三日晴、地无三尺平"的说法，自然条件和经济条件较差。

贵州省煤炭资源丰富，煤炭在农村能源中占重要的地位，近年来液化石油气、沼气、太阳能和薪柴等也占有一定的比例，图 4-22 为贵州省厨房炊事、热水和取暖用的炉灶电器等。

图 4-22 贵州省厨房炊事、热水和取暖用的炉灶电器等

依次为液化气灶、沼气灶、太阳能热水器和太阳能路灯、电磁炉和取暖炉

张忠朝（2014）对贵州省盘州市（原盘县）的农村能源利用情况的调研表明，该县农户已经基本上实现了户户通电，但是电力主要用于照明和家用电器，炊事用能和取暖、提供热水等的能源来源有秸秆、薪柴、煤炭、液化气、汽油、柴油、沼气和太阳能等。煤炭是盘州市应用较广的生活用能来源，有 69.4% 的农户使用煤炭，主要用于炊事和取暖。25.6% 的农户会选择秸秆和薪柴作为生活用能来源，液化气、汽油/柴油等商品能源的比例分别为 10.3% 和 8.2%，相对较低。在可再生能源方面，使用沼气的比例占 10.3%，使用太阳能的比例占 7.1%，仍处于较低的水平（图 4-23）。

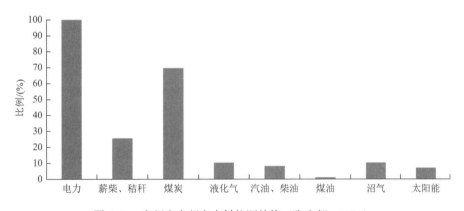

图 4-23 贵州省盘州市农村能源结构（张忠朝，2014）

图 4-24 是笔者在贵州省贵定县拍摄的一户建有沼气池的农民家中厨房的情景，沼气是其主要的炊事用能，有沼气灶和沼气灯，但是原料和气候导致沼气不稳定，厨房内仍有电磁炉和电灯，作为备用能源，有的农户会以液化石油气为备用能源。厨房内的柴灶一般以大锅为主，用于加工猪食，很少用于炊事。贵州高原地区虽然太阳能资源不够丰富，但是太阳能热水器和太阳能路灯等仍可以正常使用。

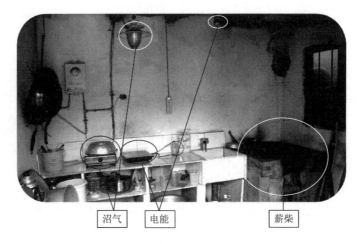

图 4-24　贵州省贵定县某农户厨房情景

　　以贵州高原为中心的西南喀斯特地区，是世界上面积最大、最为集中连片的喀斯特地区，贵州石漠化面积比例处于全国各省份之首。石漠化地区的农村能源利用问题关系到经济发展和石漠化治理。赵盼弟等（2015）对位于贵州省毕节市的撒拉溪示范区的调查结果表明，该区内农村能源结构主要是以薪柴为主，在所有农户中占 64%，煤占 27%，电和秸秆所占比例最低，分别为 4% 和 5%。以薪柴为主的能源结构是比较落后的，农户往往会上山捡柴，同时伴随有砍伐森林的情况，造成了植被的破坏和水土流失，进一步加剧了石漠化。沼气、太阳能和电能的利用可以缓解石漠化地区农村能源对薪柴的依赖。

4.4　小　结

　　（1）煤炭和柴油是西南地区农村生产用能的主要来源。

　　（2）西南地区农村生活用能商品能源与非商品能源比例因各地资源禀赋不同而有所差异，但是在商品能源消费方面西南地区仍存在消费来源单一等问题。

　　（3）在农民做饭和取暖用能方面，柴草等低品质能源所占的比例虽然正逐渐降低，但是仍占一定的比例；煤炭的比例在降低，天然气和电力等清洁能源的比例在提升；沼气所占比例较低，基本稳定。

　　（4）西南地区能源贫困情况整体逐渐改善，基本实现电力的全覆盖，但是由于经济发展较为落后，且发展不均衡，西南地区的很多农村地区目前存在能源贫困问题，主要以经济能力难以负担清洁能源为主。

　　（5）西南地区根据农村生活能源利用情况的差异，可以分为 6 个地区，从川西北高原、横断山区、云南高原、贵州高原、盆周山区到四川盆地，海拔逐渐降低、经济条件逐渐变好，从而使能源贫困度逐渐降低、能源利用的品质逐渐提高，能源利用的类型从单一趋向多样（图 4-25）。

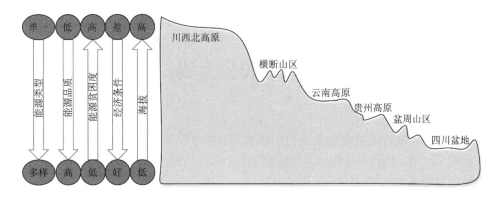

图 4-25 西南地区不同区域间农村能源特征与经济、海拔的变化趋势

（6）沼气技术因能源贫困而发展，目前在西南地区农村生活能源中占有一定的地位，但是为了适应社会的发展，应向高品质的生物天然气和发电等方面发展，并且发挥其综合效益。

（7）在目前的经济水平和能源消费水平下，西南地区农村能源消费仍无法完全依靠电力，仍需要发展多种类型的能源。

5 西南地区农村能源生态建设技术体系

农村能源生态建设通过能源生产利用技术将种植业和养殖业结合起来,形成能源生态系统,发挥其经济、社会和环境效益。能源生产、转化、利用技术和能源生产副产物的利用技术是农村能源生态建设的关键技术。

如图 5-1 所示,目前西南地区用于农村能源生产的主要有生活有机废弃物、畜禽粪便、秸秆和薪柴等生物质原料,以及水能、风能和太阳能等可再生能源,能源生产与转化技术主要有沼气技术(包括户用沼气技术和沼气工程)、固化成型技术等生物质能源生产和转化技术,水能、风能和太阳能及沼气可以通过小型发电设备转化为电能,针对沼气的能源利用技术主要有沼气炉灶、沼气灯和沼气锅炉等,针对电能的利用技术主要是各类电器,针对太阳能直接利用的技术主要以太阳能热水器为主,在川西高原牧区有太阳灶的应用。

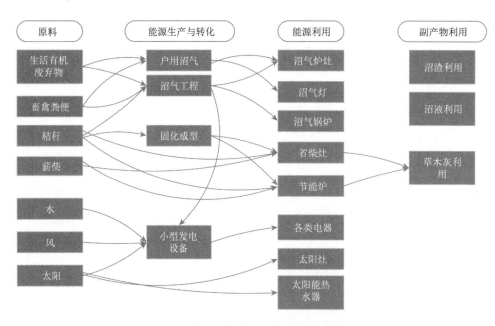

图 5-1　西南地区农村能源生态建设技术体系

5.1　能源生产、转化与利用技术

5.1.1　沼气技术

沼气技术在我国西南地区发展较早也发展较快,主要被用来处理养殖废弃物生产能源和肥料,以解决农村能源短缺和环境问题,随着农村经济的发展和电能等方便程度更高的替代能源的发展,户用沼气在农村能源中所占的比例逐步降低。但是目前用于规模化养殖场畜禽粪污资源化利用的沼气工程仍发展较快,产生的沼气可以供养殖场自用、发电上网和为周边农户供气等。

5.1.1.1 户用沼气技术

目前农村地区较常见的户用沼气池主要有水压式沼气池和浮罩式沼气池两类,其中浮罩式沼气池又可分为分离浮罩式沼气池和顶浮罩式沼气池。

1. 户用沼气池的主要类型

(1)水压式沼气池。

水压式沼气池是西南地区,乃至全国应用最多的一种户用沼气池类型。水压式沼气池一般包括进料管、出料间(水压间)、发酵间、活动盖和导气管等组成部分,其结构如图 5-2 所示。该池形的池体上部气室完全封闭,随着沼气的不断产生,储气间的气压随之增高,迫使沼气池内的一部分料液进到与池体相通的水压间内,使得水压间内的液面升高,直至内外压力平衡,使得水压间的液面跟沼气池体的液面产生了一个水位差,这个水位差就称为"水压"。用气时,沼气在水压的作用下排出,储气间的气压随之降低,水压间的料液又返回池体内,使得水位差不断下降,导致沼气压力也随之相应降低,以维持新的平衡。

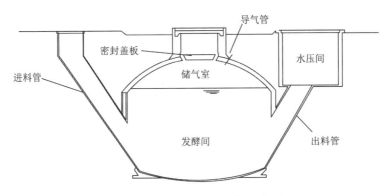

图 5-2 水压式沼气池结构示意图

水压式沼气池具有以下几个特点:①池体结构受力性能良好,成本较低;②适于装填多种发酵原料,特别是大量的作物秸秆,对农村积肥十分有利;③便于经常进料,厕所和猪圈可以建在沼气池上面,粪便随时都能被打扫进池;④沼气池周围都与土壤接触,对池体保温有一定的作用;⑤气压反复变化,一般在 4~16 千帕变化,对池体强度和灯具、灶具燃烧效率的稳定与提高不利;⑥无搅拌装置,池内浮渣容易结壳,发酵原料的利用率不高,池容产气率偏低,一般产气率仅为 0.15 米^3/(米^3·天)左右;⑦活动盖直径不能加大,对部分原料而言存在出料难的问题。

（2）浮罩式沼气池。

浮罩式沼气池一般由进料管、出料管、发酵间和储气罩组成。与水压式沼气池不同，浮罩式沼气池的气压是恒定不变的，气压由浮罩的自身重力和配重决定，因此属于恒压沼气池。发酵池产生沼气后，慢慢将浮罩顶起，并依靠浮罩的自身重力和配重，使气室产生一定的压力。当沼气压力大于气罩的重量时，气罩便沿水池内壁的导向轨道上升，直至平衡为止。用气时，罩内压力下降，气罩随之下沉。

分离浮罩式沼气池：分离浮罩式沼气池的发酵池与气箱分离，没有水压间，采用浮罩与配套水封池储气，有利于扩大发酵间装料容积，最大投料量为沼气池容积的 98%，浮罩式沼气池相对水压式沼气池来说，其气压在使用过程中是最稳定的。

发酵间没有储气部分，将发酵间产生的沼气由浮罩储气柜或专用气袋储存起来，如图 5-3 所示。浮罩式储气柜和专用储气袋可分离放置于池旁，专用储气袋主要由聚氯乙烯薄膜和橡胶加工而成，且易老化，对防火要求较高。浮罩式储气柜由水封池和气罩两部分组成，当沼气压力大于气罩重量时，气罩便沿水池内壁的导向轨道上升，直至平衡为止，用气时，罩内气压下降，气罩便随之下沉，浮罩多由钢材制成，性能要求较高，浮罩储气量大，气压稳定，能满足电子打火沼气灶和沼气热水器等用气的压力要求。分离浮罩式沼气池也适用于大中型沼气池建设。

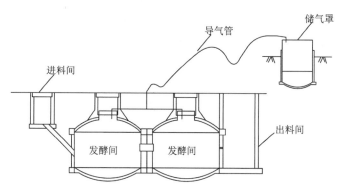

图 5-3　分离浮罩式沼气池

顶浮罩式沼气池：顶浮罩式沼气池也称印度戈巴沼气池，这种沼气池将储气浮罩置于池顶，使发酵池与浮罩一体化，如图 5-4 所示。基础池底用混凝土浇制。两侧为进、出料管，池体呈圆柱状。浮罩大多数用钢材或薄壳水泥构件制成。

顶浮罩式沼气池具有如下特点：①沼气压力较低而且稳定。一般压力为 2～2.5 千帕，有利于沼气灶、灯燃烧器具的稳定使用，有效地避免水压表冲水、活动盖漏气和出料间发酵液流失等故障的发生。②发酵液不经常出入出料间，保温效果好，利于沼气发酵微生物活动，产气效率高。③由于发酵池与储气浮罩分离，沼气池可以多装料（其发酵容积比同容积的水压式沼气池增加 10%以上）。④浮渣大部分被池拱压入发酵液中，可以使发酵原料更好地发酵产气。⑤产气率较高，一般比水压式沼气池提高 30%左右。⑥占地面积大，建池成本高（比同容积的水压式沼气池增加 30%左右），施工难度大，出料困难。

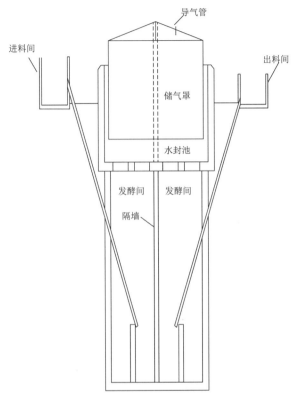

图 5-4　顶浮罩式沼气池

2. 户用沼气技术在西南地区应用

西南地区有适合发展户用沼气的气候条件、农业生产结构和社会条件，是我国户用沼气发展较好的地区，以水压式沼气池为主，建池材料以砖混为主，也有玻璃钢等。西南地区 2016 年户用沼气的数量占到全国的 31%，尤其是四川省更是占到全国的 15%（图 5-5）。

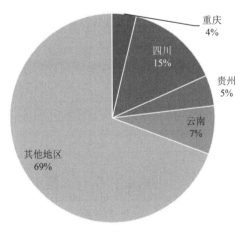

图 5-5　西南地区 2016 年年底户用沼气数量所占全国的比例

数据来源：《中国农业统计资源（2016）》

　　四川是我国户用沼气发展较早也是发展较好的地区，20 世纪八九十年代四川（含重庆）的户用沼气池数量基本稳定在 200 万口左右，进入 21 世纪以后，户用沼气发展更为迅速，其中 2005～2014 年是四川省户用沼气快速发展的 10 年，沼气数量从 300 万口发展到 600 万口。但是近两年来随着农村经济社会的发展和相关政策的变化发展速度有所放缓，尤其是利用数量在 2014 年以后明显出现下降的趋势（图 5-6～图 5-8）。

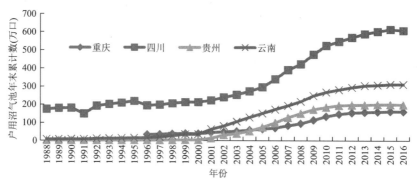

图 5-6　西南地区户用沼气历年数量变化

数据来源：《中国农业统计资料（1988～2016）》

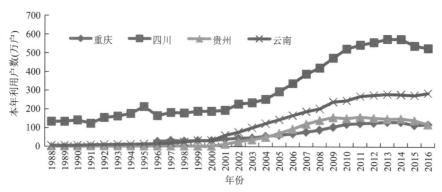

图 5-7　西南地区户用沼气年度利用数量变化情况

数据来源：《中国农业统计资料（1988～2016）》

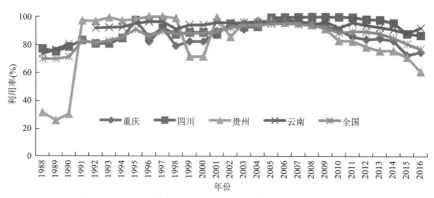

图 5-8　西南地区户用沼气年度利用率变化情况

数据来源：《中国农业统计资料（1988～2016）》

云南是西南地区户用沼气利用的第二大省，目前已经超过300万口，近几年的增速有所放缓，利用率也明显下降。贵州和重庆户用沼气池数量也是在进入21世纪后开始发展，但是近几年的建设速度明显放缓，利用率也在下降（图5-8）。

缺乏原料和管理维护是户用沼气发展的两大制约因素，随着农业产业结构的调整和农村社会经济的发展，农民的养殖习惯发生了重大的变化。过去的农村为分散经营，几乎每户都饲养一定数量的畜禽，人畜粪便为沼气发酵提供了充足的原料。但目前随着农村城镇化建设步伐的快速发展和养殖畜牧业向集约化、规模化方向的发展，农牧脱节和种养分离的趋势越来越明显，越来越多的农民已经放弃在庭院养殖畜禽，畜禽粪便的可获得性越来越低。管理对沼气的使用效果起关键作用，沼气建设"三分靠建，七分靠管"。但是，在农村的很多地方存在着重建轻管的现象。仅有少数的专业人员掌握沼气的生产和使用技术，农民缺乏相关的技术培训，使用不熟练，遇到问题得不到解决，阻碍了沼气产业的普及和发展。另外，西南地区农村劳动力输出严重，留守农村的以儿童和老人居多，文化水平较低，这也是造成沼气管理不善的重要原因。

5.1.1.2　畜禽养殖场沼气工程技术

畜禽养殖场沼气工程的规模按沼气发酵的装置容积、日产沼气量及配套系统的配置可分为大型、中型和小型沼气工程。沼气工程的厌氧消化装置主要有全混合厌氧反应器、升流式厌氧污泥床反应器、内循环厌氧反应器、塞流式厌氧反应器和升流式固体反应器等。

1. 畜禽养殖场沼气工程的分类

（1）全混合厌氧反应器。

全混合厌氧反应器也称高速厌氧反应器，是在常规厌氧反应器内部安装搅拌装置，使进入反应器的发酵原料和厌氧微生物处于完全混合的状态，其效率比传统常规厌氧反应器有明显提高。该厌氧反应器的水力滞留时间（HRT）、固体滞留期（SRT）和微生物滞留期（MRT）完全相等，适用于高浓度及含有大量悬浮固体原料的处理，反应器内物料分布比较均匀，搅拌作用避免了分层现象和浮渣、结壳、堵塞的产生。全混合厌氧反应器要求HRT较长，一般要求15天左右或更长时间。中温发酵的负荷一般为$3.0 \sim 4.0$千克COD/（米^3·天），高温发酵为$5 \sim 6$千克COD/（米^3·天）。该反应器运行时需要搅拌，因此能量消耗较大；由于无法做到在SRT、MRT大于HRT的情况下运行，所需反应器体积较大；底物流出系统时存在未完全消化的现象，微生物易随出料流失。

（2）升流式厌氧污泥床反应器。

升流式厌氧污泥床反应器是20世纪70年代荷兰瓦赫宁根农业大学Lettinga等研制开发成功的一项新工艺。该厌氧反应器适用于处理可溶性废水，是目前世界上发展最快的厌氧反应器。

该厌氧反应器内部分为三个区，从下至上为污泥床、污泥悬浮层和气、液、固三相分离器。厌氧反应器的底部是浓度很高并且有良好沉淀性能和凝聚性的絮状或颗粒状污泥形成的污泥床，污水从底部，经布水管进入污泥床，向上穿流并与污泥床内的污泥混合，污泥中的微生物分解污水中的有机物，将其转化为沼气。沼气以微小气泡形式不断放出，并在上升过程中不断合并成大气泡。在上升的气泡和水流的搅动下，厌氧反应器上部的污泥处于悬浮状态，形成一个浓度较低的污泥悬浮层。在厌氧反应器上设有气、液、固三相分离器。厌氧反应器内生成的沼气气泡受反射板的阻挡，进入三相分离器下面的气室内，再由管道经水封而排出。固、液混合液经分离器的窄缝进入沉淀区，在沉淀区内由于污泥受到上升气流的冲击，在重力作用下而沉淀。沉淀至斜壁上的污泥沿着斜壁滑回污泥层内，使厌氧反应器内积累大量的污泥。分离出污泥后的液体从沉淀区上表面进入溢流槽而流出。

（3）内循环厌氧反应器。

内循环厌氧反应器是荷兰 PAQUES 公司 20 世纪 80 年代中期研究开发成功的高效厌氧反应器。该反应器具有很大的高径比，直径一般可达 4～8 米，高度可达 16～25 米。内循环厌氧反应器是目前世界上效能最高的厌氧反应器，它集中了 UASB 和流化床反应器的优点，利用反应器所产生沼气的提升力实现发酵料液的内循环。

（4）塞流式厌氧反应器。

塞流式厌氧反应器也称推流式厌氧反应器，是一种非完全混合反应器。原料从反应器一端进入，另一端流出，在反应器内呈活塞式推流状态。该厌氧反应器内沼气的产生可以为料液提供垂直的搅拌作用，料液在沼气池内无纵向混合，发酵后的料液借助于新鲜料液的推动作用而排走。进料端呈现较强的水解酸化作用，甲烷的产生随着向出料方向的流动而增强。因为该体系进料端缺乏接种物，所以要进行固体的回流。为减少微生物流失，在厌氧反应器内应设置挡板以有利于运行的稳定。

（5）升流式固体反应器。

升流式固体反应器是一种结构比较简单、特别适合于高悬浮固体原料的厌氧反应器。需要处理的高浓度物料从底部管道进入厌氧反应器内，与反应器里的厌氧活性污泥接触，使发酵料液中高浓度有机物得到快速消化分解。升流式固体反应器内不设三相分离器，不需要污泥回流，也不需要搅拌装置。未被分解的有机物和厌氧活性污泥颗粒，靠重力作用沉降滞留于反应器内，上清液从厌氧反应器上部排出，这样可以得到比水力滞留期高得多的固体滞留期和微生物滞留期，从而达到较高的固体有机物分解率。

2. 西南地区畜禽养殖场沼气工程建设情况

西南地区畜禽养殖场沼气工程在全国占有一定的分量，2016 年年底四个省（直辖市）用于处理畜禽废弃物的沼气工程数量占全国的 12.2%，其中四川占 6.1%，重庆占 3.9%，排前两位。四川和重庆沼气工程建设开始较早，从 2007 年开始数量迅速增加，而贵州和云南开始较晚，数量也相对较少，云南从 2011 年开始才有大量的沼气工程建设，截至 2016 年年底，仍不足 500 处（图 5-9 和图 5-10）。

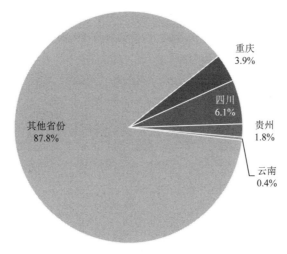

图 5-9 西南地区 2016 年年底处理农业废弃物沼气工程数量所占全国的比例

数据来源：《中国农业统计资料（2016）》

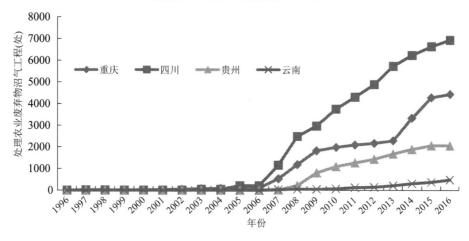

图 5-10 西南地区处理农业废弃物沼气工程历年数量变化

数据来源：《中国农业统计资料（1996~2016）》

虽然畜禽养殖场沼气工程在西南地区发展速度较快，但是仍存在一定的问题。

一是养殖业主主动参与的积极性不高。规模化养殖场在建设大中型沼气工程时，一次性投入过大，短期内养殖场难以从项目建设中获得效益，回收周期较长，而养殖业又是受市场影响较大的行业，这就很容易造成企业自筹资金无法及时到位，对工程建设进度和质量带来不良影响。从目前的政策来看，大中型沼气工程项目投资构成为中央财政 45%、地方财政配套 5%，其余 50% 为企业自筹，企业筹资份额较大增加了企业筹资的难度，这在无形之中就降低了企业参与项目建设的积极性。在现行模式下，单纯依靠供气和产销有机肥，收效甚微，有些项目甚至出现运行即亏损的不利局面。再加上一些养殖业主对大中型沼气工程综合效益的认识还不够，在这种情况下，势必会影响部分养殖业主主动参与建设大中型沼气工程的积极性。

二是地区发展不平衡。西南各地区项目申报建设进度不一，施工质量参差不齐。经济条件较好的地区的项目申报数量较多、建设进度较快，相关工程质量监理工作有条不紊，配套设施也比较完善。但部分地区项目建设进度较慢，个别地区甚至出现了业主随意中断在建项目，无视国家项目投资严肃性的现象。

三是难以充分和周边农户形成联动机制。受国家相关强制性政策的约束，畜禽养殖场的建设地点大部分与周边农户和居民点有相当的距离，这势必会加大沼气管网的建设费用，致使集中供气费用与石化天然气相比，失去其价格优势。另外，现行国家对民营发电上网政策的限制导致沼气的利用方式单一、效益低下，有些项目将沼气直接排空的现象也屡见不鲜，大部分沼气没能得到更高价值的开发利用。有些地区的沼气工程采用常温发酵工艺，产气不稳定，加上畜禽养殖场业主大多将粪污进行固液分离，仅取稀污水用于沼气发酵，浓度低，产气量小，且在冬季还需要经常用沼气给场区供暖，这势必要停止向农户供气。沼液和沼渣中含有农作物生长所必需的微量元素和有机质，是很好的有机肥料。然而相当一部分的农户对沼液和沼渣的利用缺乏认识，造成多数大中型沼气工程在沼液和沼渣利用方面，没能和周边农户形成有效的联动机制，尚未形成以沼气为纽带的"养殖-沼气-种植"多位一体的生态循环格局，严重影响了沼气工程综合效益的发挥。另外，与化肥和复合肥相比，沼液和沼渣中养分浓度较低，如长距离输送则运费较高，由此造成大量厌氧发酵残余物的随意堆放，这样不仅造成了资源浪费，更会对环境造成二次污染。

四是运行管理机制有待完善。业内有"沼气工程三分靠建七分靠管"的说法，然而目前由于运行管理机制不完善，存在相关部门监管和技术扶持力度不够，导致大中型沼气工程相关管理措施不完善，甚至有些沼气工程存在着只建不管的现象。此外，有部分沼气项目的归属及管理权限存在差异，出现部分项目归属部门不同，管理权限有交叉的情况，以致管理体系不协调，管理机制不够灵活，存在一些业主钻管理机制空子的情况，造成部分沼气工程在建成后不久即停止运行或废弃，使得政府投资效益不明显，造成资源的极大浪费。

5.1.1.3 秸秆沼气工程技术

利用农作物秸秆进行厌氧发酵产沼气，是一条清洁高效的秸秆能源化利用途径。秸秆沼气发酵能量利用效率是直接燃烧的 1.2～1.9 倍，同时产生的副产物沼渣和沼液富含氮、磷等营养元素，可以有效地应用于农业生产，提高农作物产量。1 吨秸秆厌氧发酵可产沼气 300 立方米，减排二氧化碳 0.1456 吨，生产有机固体肥料（含水率约 20%）0.595 吨。

1. 秸秆沼气发酵工艺

近年来，随着秸秆厌氧发酵技术的逐渐成熟，秸秆沼气工程越来越受到人们的关注。依据《秸秆沼气工程工艺设计规范》（NY/T 2142—2012），将秸秆沼气工程分为以下几种工艺类型。

（1）全混合厌氧消化工艺。

全混合厌氧消化工艺采用立式筒形或卧式厌氧消化器，内设搅拌装置，附有循环回流接种系统；立式厌氧消化器宜设置为上部进料、下部出料；干秸秆粒径不大于 10 毫米、青贮秸秆粒径 20～30 毫米，进料浓度 4%～6%。消化温度宜为（38±2）摄氏度，消化时间 40～50 天，容积产气率≥0.8 米³/(米³·天)；在中温发酵条件下，每生产 1 立方米沼气消耗干秸秆（以含水率 10%计）3.0～3.5 千克。

（2）全混合自载体生物膜厌氧消化工艺。

全混合自载体生物膜厌氧消化工艺（CSBF）采用立式圆筒形或卧式长方形反应器，内设强化搅拌装置，配有环境友好的固态化学预处理工序；采用秸秆与调节水分路进料的方式，秸秆通过可自密封的绞龙进料，调节水通过普通离心泵进水，进料含水率通过调节池调节；秸秆粒径小于 20 毫米，进料浓度 7%～8%，消化温度 35～38 摄氏度，消化时间小于 45 天，容积产气率大于 0.8 米³/(米³·天)；在中温发酵条件下，每生产 1 立方米沼气消耗干秸秆（以含水率 10%计）2.8～3.0 千克。

（3）竖向推流式厌氧消化工艺。

竖向推流式厌氧消化工艺（VPF）采用立式圆筒形厌氧消化器，内设沼液回流喷淋装置和回流接种系统；立式厌氧消化器设置为上部进料、下部出料；该工艺适用于干秸秆原料，秸秆粒径不大于 10 毫米，进料浓度 3%～5%，消化温度宜为（40±2）摄氏度，消化时间小于 90 天，容积产气率≥0.8 米³/(米³·天)；在中温发酵条件下，每生产 1 立方米沼气消耗干秸秆（以含水率 10%计）2.8～3.5 千克。

（4）一体化两相厌氧消化工艺。

一体化两相厌氧消化工艺（CTP）采用立式厌氧消化器，罐内顶部设置布料和消化液喷淋装置，底部设置渗滤液收集设施，反应器内部设有产酸相和产甲烷相的相对分区；立式厌氧消化器顶部进料、中下部出料、不外排沼液；秸秆粒径为 5～15 毫米，消化温度宜为（40±2）摄氏度，消化时间 90 天，容积产气率≥0.8 米³/(米³·天)；在中温发酵条件下，每生产 1 立方米沼气消耗干秸秆（以含水率 10%计）2.5～3.5 千克。

（5）覆膜槽厌氧消化工艺。

覆膜槽厌氧消化工艺（MCT）采用顶部及至少一个侧面由密封膜密封的矩形槽厌氧消化器，密封膜可方便地开闭，消化器内部可带有循环回流接种系统；采用批量式投料发酵，宜采用装载机作为进出料工具；一般采用秸秆和粪便混合原料发酵，其中秸秆粒径不大于 60 毫米，进料总固体含量 15%～40%，消化温度 37～42 摄氏度，消化时间 20～40 天，容积产气率≥0.8 米³/(米³·天)；在中温发酵条件下，每生产 1 立方米沼气消耗干秸秆（以含水率 10%计）9.0～11.0 千克，厌氧消化后的剩余物可全部转化为有机肥。

2. 秸秆沼气工程在西南地区的发展

秸秆沼气集中供气模式直接利用秸秆厌氧消化技术处理种植业废弃物，属于种植业的能源生态循环模式，不受养殖业的影响。从农田收集秸秆，经过厌氧发酵产生沼气用于农户生活用能，沼渣等直接还田。该模式目前主要以示范工程为主，运行的最大问题是原料收集问题，由于农村劳动力成本提高和农民意识等，秸秆收集成本较高，导致一些秸秆沼气工程运行较差。根据《中国农业统计资料》数据，截至 2016 年年底，西南地区秸秆沼气集中供气仅有 5 处，运行的有 3 处，供气户数为 1300 户。

秸秆沼气技术虽然已经较为成熟，但是在西南地区仍发展缓慢，主要原因有以下几个。

一是原料收集难、成本高。我国秸秆的分布有典型的地域性和季节性的特点，西南地区农作物秸秆以稻秆、玉米秆和油料作物秸秆等为主，这些是秸秆沼气发酵的主要原料。目前大部分秸秆沼气工程运行困难，其中很重要的一个原因便是原料收集难、成本高。据调查，部分工程秸秆原料收购价格高达 400 元/吨，导致工程平均供气成本较高。秸秆的收集受农业生产水平、季节性和价格的影响较大，而且购买秸秆的价格波动较大，可控性较差，加上秸秆沼气工程的能耗较高，运行成本高，在平原地区有一定的优势，但以山地为主的丘陵和山区，秸秆的收集成本很难降低。

二是进出料困难。进出料也是现阶段秸秆沼气工程运行过程中存在的难点之一。由于秸秆流动性差，且具有密度小、体积大等特点，容易结壳，导致进出料困难，严重影响整个秸秆沼气工程的正常运行。目前，秸秆制沼气的进出料方式分为两种，分别是上进料、下出料的传统模式和下进料、上出料的新型模式。当原料浓度较低时，两种方式都能顺畅地完成进出料，但是当原料浓度较高时，上进料、下出料的方式就不能很好地完成进出料，而下进料、上出料的方式则能比较好地完成。由于农作物秸秆的密度低，易漂浮在表层并结壳，不能很好地与活性污泥接触，导致厌氧消化的效率低，产气量少，直接导致出料难。下进料、上出料方式可以有效缓解以上问题，下进料时秸秆从底部漂浮到表面的过程使其能够更好地和活性污泥接触，增加了厌氧消化的机会，菌群能更好地利用和分解秸秆，提高了厌氧消化的效率，是一种在秸秆沼气工程中应用比较广泛的进出料方式，但是仍存在一些需要改进的问题，如出料保持气密性和浮渣的处理。

三是发酵效率不高。秸秆密度小、体积大，进入发酵罐后很快形成浮渣层，影响气、液、固三相传质、传热和流动性，气体释放困难，增加了安全风险发生率；形成的固液分层易导致物料与接种物接触不充分，反应器内传热和传质不均匀，消化条件不易控制，进而影响微生物群落条件反射，如有机酸局部大量积累，造成微生物酸中毒现象，影响发酵正常运行。此外，秸秆类纤维素原料是多种高分子有机化合物组成的复合体，主要由纤维素、半纤维素和木质素组成，而纤维素是结构紧密的结晶体，它是由 β-1,4 糖苷键结合而成的高分子多糖，半纤维素和木质素共价结合，而且纤维素和半纤维素被木质素包裹，结构复杂致密，难以水解酸化，导致目前秸秆沼气化利用效率较低，严重制约了秸秆类农业废弃物资源化利用的进程。

5.1.1.4　沼气利用技术

1. 沼气灶

家用沼气灶的种类虽然繁多，其结构也因用途不同而有所差别，但它们都有一定的共性，即它们基本上都由燃烧器、供气系统、阀体、点火装置和其他部件组成。其中，燃烧器是燃气炉灶的主要部件，可分为大气式燃烧器和无焰式燃烧器（红外线辐射器）两种。目前，大多数沼气灶采用大气式燃烧器，它由喷嘴、调风板、引射器和头部等四部分组成。喷嘴是控制沼气流量，并将沼气的压能转化为动能的关键部件，一般采用金属材料制成。喷嘴的形式和尺寸大小直接影响沼气的燃烧效果，也关系吸入一次空气量的多少。喷嘴直径与燃烧炉具的热负荷和压力等因素有关,家用沼气炉具的喷嘴孔径,一般控制在 2.5 毫米左右。喷嘴管的内径应大于喷孔直径的 3 倍,这样才能使沼气在通过喷嘴时,有较快的流速。喷嘴管内壁要光滑均匀,喷气孔口要正,不能偏斜。调风板一般安装在喷嘴和引射器的喇叭口的位置上,用来调节一次空气量的大小。当沼气热值或者炉前压力较高时,要尽量把调风板开大,使沼气能够完全和稳定地燃烧,引射器由吸入口、直管和扩散管三部分构成。三者尺寸比例,以直管的内径为基准值,直管内径又根据喷嘴的大小及"沼气空气"的混合比来确定。前段吸入口的作用是减少空气进入时的阻力,通常做成喇叭形;中间直管的作用是使沼气和空气混合均匀;扩散管的作用是对直管造成一定的抽力,以便吸入燃烧时需要的空气量。扩散管的长度一般为直管内径的 3 倍左右,扩散角度为 8°左右。灶具头部由气体混合室、喷火孔、火盖和炉盘四部分构成,其作用是将混合气通过喷火孔均匀地送入炉膛燃烧。

2. 沼气锅炉

沼气锅炉是以燃烧沼气为燃料的锅炉。沼气锅炉包括沼气开水炉、沼气热水锅炉、沼气采暖锅炉、沼气浴池锅炉及沼气蒸汽锅炉等,沼气锅炉和其他燃气锅炉一样都是室燃锅炉,只是燃料不同而已。

3. 沼气热水器

沼气热水器与其他燃气热水器的结构基本相同,只是沼气热水器中的燃烧器适用于沼气。热水器一般由水供应系统、燃气供应系统、热交换系统、烟气排出系统和安全控制系统 5 个部分组成。当前多采用后置式热水器,其运行可以用装在冷水进口处的冷水阀,也可以用装在热水出口处的热水阀进行控制。

4. 沼气发电

沼气发电技术是集环保和节能于一体的能源综合利用新技术,它是利用工业、农业或城镇生活中的大量有机废弃物(如酒糟液、禽畜粪便、城市垃圾和污水等),经沼气发酵处理产生的沼气驱动沼气发电机组发电,并可将发电机组的余热充分用于沼气生产。沼气发电热电联产项目的热效率,视发电设备的不同而有较大的区别,如使用燃气内燃机,其热效率为 30%~40%,而如使用燃气透平和余热锅炉,在补燃的情况下,热效率可以达到 80%以上。沼气发电技术本身提供的是清洁能源,不仅解决了沼气工程中的环境问题,消耗了大量废弃物,保护了环境,减少了温室气体的排放,而且变废为宝,产生了大量的热能和电能,符合能源再循环利用的环保理念,同时也带来了巨大的经济效益。

我国沼气发电有 30 多年的历史,在"十五"期间研制出 20~600 千瓦纯燃沼气发电机组系列产品。但国内沼气发电研究和应用市场都还处于不完善阶段,特别是适用于我国广大农村地区的小型沼气发电技术研究较少,我国农村偏远地区还有许多地方严重缺电,如牧区、海岛和偏僻山区等高压输电较为困难,而这些地区却有着丰富的生物质原料。如能因地制宜地发展小型沼气发电站,则可取长补短就地供电。

我国沼气发电发展迅速，仅 2009 年，获得国家发展和改革委员会批复的沼气发电清洁发展机制（CDM）项目就有 28 个，其中大多数为垃圾填埋场的沼气发电项目，部分为养殖场发电及工业废料发电项目。除这些较大的项目申请了 CDM 项目外，国内还有众多小型沼气发电工程。目前国内很多废水厌氧处理的沼气，甲烷含量在 50%～60%，如果选用合适的沼气发电机组，每立方米沼气可发电 1.5～2.2 度，而现在很多企业为节省投资，上容量小的机组，每立方米沼气只能发 1.2～1.5 度电。

沼气发电工程本身是提供清洁能源，解决环境问题的工程，它的运行不仅解决了沼气工程的一些主要环境问题，而且其产生大量的电能和热能，又为沼气的综合利用提供了广泛的应用前景。

5. 沼气灯

沼气灯是把沼气的化学能转变为光能的一种小型的红外线辐射器，它由喷嘴、引射器、泥头，纱罩、反光罩和玻璃灯罩等主要部分组成。灯的头部是由多孔陶瓷燃烧头及纱罩组成的混合式辐射器。沼气通过输气管，经喷嘴进入气体混合室，与一次空气混合，然后从泥头喷火孔喷出燃烧，在燃烧过程中得到二次空气补充。燃烧在多孔陶瓷泥头和纱罩之间进行，由于燃烧温度较高，纱罩上的硝酸钍在高温下氧化为氧化钍，而氧化钍是一种白色的结晶体，它在高温下能激发出可见光来，因此当辐射器点燃后，可以放出强烈的可见光，这种发光原理与汽灯的原理是相似的。一盏沼气灯的照明度相当于 60～100 瓦白炽电灯，其耗气量只相当于灶具的 1/6～1/5。

沼气红外线辐射器的引射性能直接影响辐射器的正常燃烧和稳定性。在条件允许的前提下，应尽可能使用较高的气源压力，这对保证引射器吸入所需的空气量并使沼气和空气充分均匀混合，以及使其有足够的头部静压，并保持辐射器稳定燃烧都有好处。

6. 生物天然气

生物天然气主要是指沼气提纯后的燃气，也就是利用畜禽粪便、农作物秸秆、餐余垃圾和工业有机废水废渣等有机物作为原料，通过厌氧发酵生产出甲烷含量在 55%～65% 的沼气，经过净化、提纯后，使甲烷含量达到 95% 以上的燃气。与常规的化石天然气一样，可以并入城市燃气管网或者作为车用燃气。

沼气中含有一定量的水汽、硫化氢、氧气和氮气等，需要通过脱水、脱硫等工艺进行净化，净化后的沼气中甲烷含量仍无法达到天然气的标准，需要通过进一步的提纯技术去除二氧化碳。常用的提纯技术主要有变压吸附技术、水洗技术、有机溶剂物理吸收和膜分离等。

目前我国的生物天然气生产的各项技术已经基本成熟，正处于示范推广应用阶段，在国家的支持下，有 65 个生物天然气试点工程在建。

5.1.2　固化成型技术

生物质原料主要由纤维素、半纤维素和木质素组成。木质素为光合作用形成的天然聚合体，具有复杂的三维结构，属于高分子化合物，但不是晶体，没有熔点却有软化点，当温度为 70～110 摄氏度时开始软化，具有一定的黏度；在 200～300 摄氏度时其呈熔融状，黏度高，此时施加一定的压力，增强分子间的内聚力，可将它与纤维素紧密黏结并与相邻颗粒互相黏结，使植物变得致密均匀，体积大幅度减小，密度显著增加。生物质固化成型技术就是采用成型机将松散的生物质原料在高压条件下，依靠机械与生物质之间及其生物质相互之间摩擦产生的热量或外部加热，使木质素软化，经压缩成型得到具有一定形状和规格的新型燃料。

生物质固化成型在加工方式上可分为冷压成型与热压成型，干态成型与湿压成型，以及加黏结剂成型或不加黏结剂成型。根据主要工艺特征的差别，可将这些工艺从广义上划分为湿压成型、热压成型和炭化成型。按成型加压的方法可划分为辊磨碾压式、活塞冲压式和螺旋挤压式等 3 种（表 5-1）。

表 5-1 各类固化成型技术综合比较一览表（赵立欣等，2011）

技术类型	成型原理	燃料形状	主要技术特点	适于场合
环境压辊	环形压模和圆柱形压辊压缩成型，一般不需要外部加热	颗粒、块状	生产能力较高，产品质量好；模具易磨损，维修成本较高	大规模生产
平模压辊	水平圆盘压模与压辊压缩成型，一般不需要外部加热	颗粒、块状	设备简单，制造成本较低；生产能力较低	小规模生产
机械活塞	冲压成型	棒状	密度高；设备稳定性差、振动噪声大，有润滑污染问题	工业锅炉用户
液压活塞	冲压加热成型	棒状	运行平稳，密度高；生产能力低	工业锅炉用户
螺旋挤压	连续成型，加热成型	空心棒状	产品密度高；套筒磨损严重，维修成本高	中小规模生产

西南地区是我国重要的粮油产区，秸秆产量巨大。秸秆能源化利用是解决秸秆问题的重要途径，但是目前在西南地区与秸秆优质化能源利用相关的秸秆热解气化集中供气、秸秆沼气集中供气、秸秆固化成型和秸秆炭化技术发展较为缓慢。

根据《中国农业统计资料（2016）》数据可知，截至 2016 年年底，西南地区秸秆固化成型 11 处，年产量 25.7 万吨，但是主要集中在四川省（图 5-11），近两年来贵州省也有

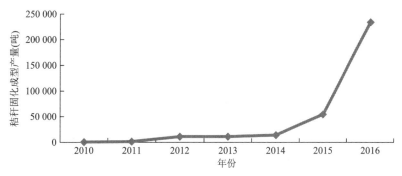

图 5-11 四川省秸秆固化成型的发展情况

数据来源：《中国农业统计资料（2010～2016）》

一定的发展。此外，西南地区秸秆热裂解气化集中供气仅有 10 处，但是运营的数量仅有 2 处，供气户数仅有 1400 户；秸秆炭化 5 处，年产量 2490 吨。

5.1.3　其他高效生物质能源化利用技术

5.1.3.1　省柴灶

柴草仍是西南地区农村生活能源的重要组成部分，提高效率、省柴节能是减少薪柴用量，缓解环境压力的重要手段。新省柴灶与旧式柴灶相比，有省燃料、省时间、使用方便和安全卫生的特点。省柴灶包括手工砌筑灶和商品化灶两种。按炉灶通风助燃方式的不同，可分为自拉风灶和强制通风灶；按炉灶烟囱和灶门相对位置的不同，可分为前拉风灶和后拉风灶；按炉灶锅的数目不同，可分为单锅灶、双锅灶和多锅灶。新型省柴节煤灶与 20 世纪 80 年代以来推广的省柴节煤灶相比，最大的技术改进是预制灶芯的应用。采用预制灶芯不仅可大大延长灶膛的寿命，而且有利于调整吊火高度，改进灶膛结构，提高灶芯火点和灶膛温度。

西南地区省柴节煤灶在全国所占的比例较大，尤其是四川省，截至 2016 年年底，四川省的省柴节煤灶已经超过 1000 万台。但是从历年的数量变化来看，西南地区省柴节煤灶的发展基本上达到平台期，近 10 年的数量变化不大，这与农村经济发展和能源结构的变化相关（图 5-12）。

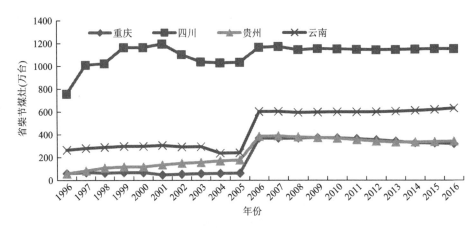

图 5-12　西南地区省柴节煤灶历年数量变化

数据来源：《中国农业统计资料（1996～2016）》

5.1.3.2　节能炉

目前，我国推广的节能炉也称高效低排多功能炉，主要有炊事炉、炊事采暖炉和炊事烤火炉等多种类型，重点推广高效低排炊事采暖炉和高效低排炊事烤火炉等多功能炉。高效低排生物质炉是利用二次或多次进风的原理，产生二次燃烧达到节能的目的。它将生物质在炉膛内缺氧燃烧，使燃料高温裂解，产生一氧化碳和甲烷等可燃气体，经过多次配风，进行二次燃烧。燃气又通过炉膛高温区使焦油降解为一次性燃气后回到燃烧室进行燃烧。高效节能炉燃烧中没有焦油析出，热效率比较高，污染物排放也比较低。烟气一般排到室外，不至于污染室内空气，对人体健康有较大的好处。与 20 世纪 80 年代以来推广的节能炉相比，高效低排多功能炉比较突出的技术改进主要有：一是燃料适应性广，各种生物质燃料均可使用，而且一次加料可长时间连续燃烧；二是燃烧室结构合理，通过二次配风使燃料半气化燃烧，热效率高；三是燃料燃烧充分，有害物质排放少，且避免了有害物质对炉具本体的腐蚀问题，延长炉具寿命；四是炉具多功能化。适用燃料包括薪柴、秸秆、生物质成型燃料和煤炭等。

　　节能炉在西南地区也有一定的保有量，但是近年来，除了贵州省有所增长外，其他都呈降低的趋势（图 5-13）。

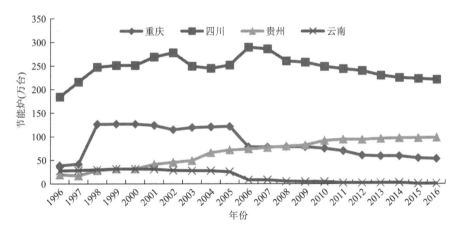

图 5-13　西南地区节能炉的历年数量变化

数据来源：《中国农业统计资料（1996～2016）》

5.1.4　太阳能利用技术

5.1.4.1　太阳能热水器技术

　　太阳能热水器是利用太阳辐射能转换成热能，提供生活和生产用热水的装置，通常由集热器、绝热储水箱、连接管道、支架和控制系统组成。太阳能热水器可分为全玻璃管式和平板式等。目前，我国户用太阳能热水器以全玻璃真空管太阳能热水器为主（图 5-14）。由于真空管热水器使用寿命长和一年四季均可使用，市场占有率达 70%以上。

　　西南地区太阳能资源分布不均，四川盆地阴雨天气较多，而云贵高原太阳能资源较为丰富，西南地区以云南省太阳能热水器的用量最大，发展也最快，2016 年年底已经超过450 万平方米，四川省的太阳能热水器位居第二位，已经超过 200 万平方米（图 5-15）。

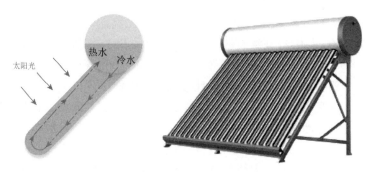

图 5-14　全玻璃管式太阳能热水器原理与实物图

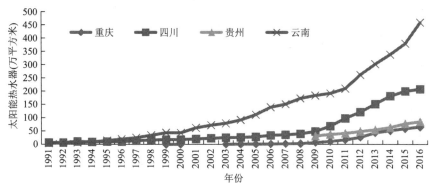

图 5-15　西南地区太阳能热水器历年变化情况

数据来源：《中国农业统计资料（1991～2016）》

5.1.4.2　太阳灶

太阳灶是利用太阳能辐射，通过聚光获取热量，进行炊事操作的一种装置，它不烧任何燃料，没有任何污染，正常使用时比蜂窝煤炉还要快，和煤气灶速度一致。太阳灶基本上可分为箱式太阳灶、平板式太阳灶和聚光太阳灶。由于太阳灶结构简单、制作方便、成本低，在农村特别是在太阳能资源较好且能源短缺的地区，深受广大群众的欢迎。实践证明，推广使用太阳灶，对于节约能源，减少环境污染，提高和改善农牧民的生活质量具有重要意义，是解决农村能源问题的一个有效途径。

太阳灶在四川西部的高原地区也有一定的数量，截至 2016 年年底四川省太阳灶的保有量为 12 万台，为高原牧区牧民的生活用能提供了方便。

5.1.4.3　小型光伏发电

小型光伏发电是利用太阳电池半导体材料的光伏效应，将太阳光辐射能直接转换为电能的一种新型发电系统，包括独立运行和并网运行两种方式。独立运行的光伏发电系统需要有蓄电池作为储能装置，主要用于无电网的边远地区和人口分散区，整个系统造价偏高；并网运行的光伏发电系统适宜在有公共电网的地区，与电网连接并网运行，无须蓄电池作为储能装置，其不仅可以大幅度降低造价，而且发电效率更高，也更环保。

小型光伏发电主要集中在云南,截至 2016 年年底,云南省的小型光伏发电共 356 处,总装机容量为 301 千瓦。

5.1.5 其他可再生能源利用技术

小型的风力发电和水力发电在农村能源中起着一定的作用,西南农村地区的小型风力发电和水力发电都有一定的发展,风力发电集中在贵州和四川,水力发电集中在云南和贵州。图 5-16 是西南地区小型水力发电的历年变化情况,以云南的数量最多,2010 年左右是高峰,达到 1.8 万千瓦,但是随后开始下降,近两年来趋于平稳,数量在 1.1 万千瓦左右;四川也表现出类似的趋势,在 2010 年达到高峰,但近几年基本稳定在 3100 千瓦左右;贵州省发展较为平稳,基本稳定在 5400 千瓦左右。

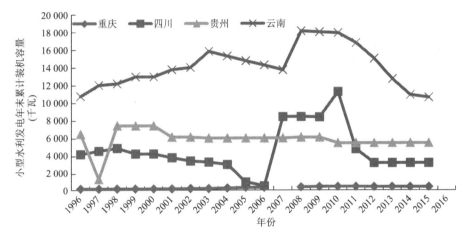

图 5-16　西南地区小型水力发电的历年装机容量变化

数据来源:《中国农业统计资料(1996~2016)》

5.2　农村能源生产副产物利用技术

以生物质为原料的农村能源生产会产生一定的副产物,能源生产利用的过程主要以削减生物质的碳素为主,一些其他有用的元素成分仍会残留在副产物中,这些副产物的利用将能源生产与种植业联系起来。沼气技术的生产会产生沼渣和沼液,沼渣和沼液是良好的肥料,但是目前其高效利用仍是难点,也是影响能源生态系统稳定的重要因素。秸秆的直燃或固化成型后燃烧产生的草木灰富含钾元素,也是良好的肥料。

5.2.1 沼渣利用技术

5.2.1.1 沼渣的理化性质

沼渣是沼气发酵后残留在发酵罐底或池底的半固体物质及沼渣和沼液固液分离或脱

水后形成的褐色或黑色的固体、半固体物质。沼渣一般呈中性或弱碱性，pH 为 6.6～8.7。因固液分离效果和干燥程度不同，沼渣的含水量有一定的差异，干物质含量一般在 10% 以上。不同原料沼气发酵后产生的沼渣，其养分含量有所不同，一般来说，沼渣中含有机质 10%～54%、腐殖酸 10%～29.4%、半纤维素 25%～34%、纤维素 13%～17%、木质素 11%～15%、全氮 1.6%～8.3%、全磷 0.4%～1.2%、全钾 0.3%～1.8%,总养分含量在 2.4%～24.6%。其他还有粗蛋白、粗纤维与多种矿物元素、氨基酸等成分。

5.2.1.2   沼渣利用

1. 沼渣肥料化利用

沼渣的养分含量高，还含有丰富的有机质和较多的腐殖酸，肥效缓速兼备，是一种具有较高利用价值的有机物肥料，可以替代化肥和增强土壤肥力。

沼渣直接用作基肥是目前最为常见的利用方式，沼渣做基肥时，可采用穴施、条施和撒施等方法。撒施后应立即耕翻，使沼渣和土壤充分混合，并立即覆土，陈化一周后便可播种、栽插。当沼渣作为基肥时，可以在拔节期、孕穗期施用化肥作追肥。对于缺磷和缺钾的旱地而言，还可以适当地补充磷肥和钾肥。

沼渣也可以作为追肥，在果树上应用较多，主要以穴施和沟施为主。苹果树每棵可以施用沼渣 20～25 千克作为追肥，柑橘类每棵可以施用沼渣 50～100 千克作为追肥。沼渣也可以作为农作物和蔬菜的追肥，每亩用量在 1～1.5 吨，可以直接开沟挖穴将沼渣施在根周围，并覆土以提高肥效。

沼渣也可以经过好氧堆肥后再利用，高温好氧堆肥发酵不仅能够稳定沼渣的性质，提高其性能，还能提高其所含有机物复合化、资源化的效率。沼渣堆肥过程需要供应充足的氧气，如果分离出来的沼渣太湿、太稠，堆肥需要添加有机纤维物质（如木屑、秸秆）来改善发酵环境和调节 C/N。堆肥可以降解木质素和纤维素等有机大分子，去除有害物质；同时蒸发大量水分，增加固体部分的养分浓度，但也会造成氮损失。

经过堆肥处理后，沼渣可以通过转鼓干燥机、带式干燥机及喂料转向干燥机等设备进行干燥。但是在干燥过程中，沼渣含有的氨氮以氨气的形式转移到干燥机废气中，因此需要处理废气，防止氨气的排放。通过干燥，可以形成干物质含量达 70% 甚至 80% 的沼渣，便于储存和运输。沼渣经过好氧堆肥后可以直接利用，也可以经过造粒等工序制成有机肥出售。

2. 沼渣的基质化利用

由于沼渣和沼液中的大部分水溶性速效营养成分被分离到沼液中，沼渣中的营养成分主要以缓释性营养成分为主，除了作为基肥外，沼渣的有机基质化利用也是较好的选择。pH 和电导率（EC 值）是评价基质的重要指标，对作物的生长发育及品质有很大的影响，与常用的有机质草炭相比，沼渣的 pH 略高，但也在理想值范围之内，沼渣的 EC 值也符合理想基质值，有利于有机蔬菜的基本生长发育。但是由于沼渣中营养成分含量较高，沼渣不宜单独直接作为栽培基质使用,一般要与蛭石、珍珠岩与草炭等材料复配后用于育苗、无土栽培和食用菌栽培等。

育苗基质的主要作用是固定并支持秧苗、保持水分和营养、提供根系正常生长发育环境。沼渣与其他材料复配后可以直接放入成型的育苗盘进行育苗,也可以通过机械在一定的压力下压制成圆饼状的育苗营养块。在基质中添加一定比例的沼渣,有利于促进幼苗的生长,提高幼苗的质量。但是沼渣的比例不宜过高,具体比例因沼渣的营养成分含量和育种的作物而定,一般沼渣添加比例不超过50%,以鸡粪为原料的沼渣添加比例一般较低,而以秸秆为原料的沼渣添加比例相对高一些。

沼渣常被用于蔬菜育苗和无土栽培中,主要与蛭石、珍珠岩和草木灰等进行复配。沼渣基质化利用也用于林木育苗、草皮的培育和水稻育苗等,可以与椰糠和土壤等进行复配。而用于食用菌类的栽培则需要与更多的材料进行复配,如麦秆或稻草、棉籽皮、石膏、石灰等。培养蘑菇时,需要按沼渣∶麦秆或稻草∶棉籽皮∶石膏∶石灰=1000∶300∶3∶12∶5的比例混合作为栽培料。培养平菇时可以按沼渣∶棉壳=6∶4或7∶3进行配料。

5.2.2 沼液利用技术

5.2.2.1 沼液的基本特征

沼液一般为黑色或黑褐色,色度可达2500以上,浊度可达4000NTU以上,以鸡粪为原料的沼液浊度更高。沼液的密度略大于水,通常呈弱酸性、中性至弱碱性。沼液中干物质含量一般小于10%,以有机质为主,其含量可以达到3%以上,COD含量因原料不同有所差异,一般在20000毫克/升以内,BOD_5相对较低,一般在500毫克/升以内。总养分一般在0.1%~0.5%。沼液中的盐含量较高,全盐量一般在1000毫克/升以上,高的可达4670毫克/升。

沼液的主要成分因发酵原料、原料浓度和发酵条件的不同而有一定的差异,可以大体分为以下几类:营养盐类、氨基酸和植物激素等。

1. 营养盐类

沼气发酵过程中除C元素营养损失较大外,其余的大部分植物所需营养物质都在沼液中得到了保留,并且N元素等的营养结构得到了优化。

N、P、K是植物需求量较多的营养元素。一般来说,沼液养分含量表现为N>K>P,且其主要以水溶性形式存在。不同发酵原料产生的沼液营养成分有一定的差异,猪粪水、牛粪水和鸡粪水沼气发酵后产生的沼液,全量养分和水溶性养分含量均以鸡粪最高。

除了大量元素外,沼液中也富含植物所需的中量元素和微量元素。Ca、Mg、S是植物生长所需的中量元素,沼液中Ca含量较高,一般在100毫克/升以上,最高可以达到1000毫克/升以上。沼液中Mg的含量一般在100毫克/升以内。S元素在沼液中一般以硫酸根的形式存在,含量在100毫克/升左右。

Fe、Mn、Zn、Cu、Mo、B和Cl是植物生长必需的微量元素,沼液中Cl元素的含量较高，一般在 150 毫克/升以上。Cu 和 Zn 含量变化较大，一般在猪场沼液中的含量较大。Fe 和 Mn 也是沼液中含量较高的微量元素。B 和 Mo 一般含量较低，但也可以满足植物对其的需求。

2. 氨基酸

沼气发酵过程会将蛋白质分解为游离氨基酸，然后将其进一步转化为氨态氮。沼液中氨态氮的含量较高，并含有一定浓度的氨基酸。厌氧发酵的时间与温度对沼液氨基酸含量的影响较大，一般温度在 24℃以上，发酵时间在 14 天以上有利于游离氨基酸的积累。沼液中氨基酸含量因发酵原料的不同有一定的变化，一般以鸡粪为原料的沼液中氨基酸含量较高。猪场废水沼液中氨基酸的总含量可达 651 毫克/升，占沼液中有机物总量的 9.5%。在不同种类的氨基酸中，天门冬氨酸和丙氨酸的含量一般较高，可达 81.9 毫克/升和 50 毫克/升。

沼液中氨基酸的存在有利于沼液肥料化和饲料化利用。在肥料化利用方面，氨基酸是有机氮的补充来源，可以提高肥效，并且氨基酸具有络合（螯合）金属离子的作用，容易将植物所需的中量元素和微量元素携带到植物体内，提高植物对各种养分的利用率。氨基酸是植物体内合成各种酶的促进剂和催化剂，对植物的新陈代谢起着重要作用，肥料中含有的氨基酸能够壮苗、健株，增强叶片的光合功能及作物的抗逆性能，对植物的新陈代谢起着重要作用。

3. 植物激素

沼液中存在四大类植物激素：生长素（主要为吲哚乙酸，IAA）、赤霉素类（GAs）、细胞分裂素（CTK）和脱落酸（ABA）。一般以 IAA 的含量较多，其他类型激素含量较低（邓良伟等，2017）。

沼液中的 IAA 主要是由厌氧微生物代谢色氨酸产生的，厌氧发酵过程中 IAA 的含量一般呈上升的趋势，在沼液中形成积累；ABA 含量在整个厌氧消化过程中也是呈持续增加的趋势，并且在产甲烷阶段的增加速率显著高于在产酸阶段的增加速率；畜禽粪便在厌氧消化水解阶段会产生 GA_5，但在厌氧消化后期 GA_3 会因降解而使其含量有所下降。

这些植物激素在植物的生长发育过程中起着重要的作用，如 IAA 对植物抽枝或芽、苗等的顶部芽端的形成有促进作用；ABA 控制植物胚胎发育和种子休眠等，并可以增强植物的抗逆能力；GAs 能够促进植物的生长、发芽和开花结果，刺激果实生长，提高结实率，对粮食作物、棉花、蔬菜和瓜果等有显著的增产效果。

4. B 族维生素

沼气发酵残留物中的 B 族维生素能促进植物和动物的生长发育，提高动植物抵御病虫害的抗逆性。沼液中可能含有 B_1、B_2、B_5、B_6、B_{11} 和 B_{12} 等 B 族维生素。不同发酵原料经过厌氧消化后，维生素 B_2、维生素 B_5 和维生素 B_{12} 与原料中的含量相比均有所增加。研究表明，自然界中维生素 B_{12} 都是由微生物合成的，一些产甲烷菌如欧氏产甲烷杆菌（*Methano bacterium omelianski*）代谢也产生维生素 B_{12}。以猪粪为原料的沼液中维生素 B_{12} 的含量可达 150 微克/升（闵三弟，1990）。

5.2.2.2 沼液的利用

1. 沼液的直接还田利用

（1）基肥和追肥。

沼液作为基肥和追肥是目前沼液资源化利用的主要方式。

沼液可以作为基肥使用，在粮食作物和蔬菜耕作前采用浇灌的方式进行施肥。沼液作为追肥可以单独使用也可以配合其他肥料使用。

沼液施用时需要通过管道或罐车运输到目的地，采用穴施、条施和洒施方式进行施用。喷洒式施肥是我国目前常用的施用方式，但是该方式已经在很多国家被禁止，因为其会引起空气污染和养分损失。欧洲国家要求沼渣和沼液的施用应减少表面空气暴露，尽快渗入土壤中。由于这些原因，通常采用拖尾管、从蹄或者注射施肥机进行沼液的施用。沼液施肥后应充分和土壤混合，并立即覆土，陈化一周后便可播种、栽插。沼渣与沼液配合施用时，沼渣做基肥一次施用，沼液在粮油作物孕穗和抽穗之间采用开沟施用，覆盖 10 厘米左右厚的土层。有条件的地方，可采用沼液与泥土混匀密封在土坑里并保持 7～10 天后施用。茄果类和瓜类蔬菜可用沼液灌根。

（2）叶面喷施。

沼液中的营养成分以水溶性为主，是一种速效性水肥，可作为叶面肥使用。用沼液进行叶面施肥有以下几个好处：一是随需随取，使用方便；二是收效快，利用率高，24 小时叶片可吸收喷量的 80%。另外，喷施沼液不仅能促进植株根系的发育和果实籽粒的生长，提高果实数量，还可以降低植株的发病率，减少害虫的啃食作用。

沼液叶面施肥通常采用喷施的方式，喷施工具以喷雾器为主，所以喷施前应对沼液进行澄清、过滤。所使用的沼液应取自在常温条件下发酵时间超过一个月的沼气工程。澄清、过滤后的沼液可以直接进行喷施，也可以进行适当的稀释，还可以添加适当量的化肥后使用。

沼液叶面肥的喷洒量要根据农作物和果树的品种、生长时期、生长势及环境条件确定。喷施一般宜在晴天的早晨或傍晚进行，不宜在中午高温时进行，下雨前不要喷施。当气温高及作物处于幼苗、嫩叶期时要经过稀释后再施用。当气温低及在作物处于生长中、后期时，沼液可直接喷施。作为果树叶面肥，每 7～10 天喷施一次为宜，采果前 1 个月应停止施用。喷施时，尽可能将沼液喷洒在叶子背面，从而利于作物吸收。

（3）沼液浸种。

沼液浸种是指将农作物种子放在沼液中浸泡后再播种的一项种子处理技术，具有简便、安全、效果好和不增加投资等优点，在我国农村地区有广泛的推广与应用。沼液浸种能提高发芽势和发芽率，促进秧苗生长和提高秧苗的抗逆性。主要原因是沼液中富含 N、P、K 等营养性物质及一些抗性和生理活性物质，在浸种过程中可以渗透到种子的细胞内，促进种子内细胞的分裂和生长，并为种子提供发芽和幼苗生长所需的营养，同时还能消除种子携带的病原体和细菌等。因此，经沼液浸种后种子的发芽率高、芽齐、苗壮、根系发达、长势旺、抗逆性及抗病虫性强。

用于浸种的沼液应取自正常发酵产气两个月以上的沼气发酵装置，沼液温度应在 10 摄氏度以上、35 摄氏度以下，pH 为 7.2～7.6。浸种前应对种子进行筛选，清除杂物和秕粒，并对种子进行晾晒，晾晒时间不得低于 24 小时。浸种时将种子装在能滤水的袋子里，并将袋子悬挂在沼液中，然后根据沼液的浓度和作物种子的情况确定浸种时间，浸种完毕后应用清水对种子进行清洗。

除了粮食作物外，沼液浸种也被推广到其他作物，如瓜果蔬菜、牧草和中草药等。由于沼液的来源不同和作物种子的生物学特性的差异，对某种作物进行浸种前需要先确定好适宜的浸种浓度和浸种时间。

（4）水肥一体化。

水肥一体化技术是一项将微灌与施肥相结合的技术，主要借助压力系统或者地形的自然落差，将水作为载体，在灌溉的同时完成施肥，进行水肥一体化管理利用。其优点是可以根据不同的土壤环境、不同作物对肥料需求量的不同，以及不同时期作物对水需求的差异进行需求设计，优化组合水和肥料之间的配比，以实现水肥的高效利用及精准管理的目的。

沼液中富含水溶性营养成分，可以作为水肥一体化的肥料来源，并且价格低廉、易于获得。但是目前水肥一体化末端利用方式一般以滴灌或喷灌为主，沼液中的高悬浮固体含量容易导致管路堵塞，因此过滤系统的选择与维护极为重要。另外，沼液中富含镁离子、铵根离子和磷酸根离子，在 pH 升高的情况下会形成鸟粪石（磷酸镁铵）沉淀，堵塞喷头，因此以沼液为原料的水肥一体化利用也需要对末端利用组件进行一定的改造。

2. 沼液肥料化高值利用

沼液高值利用是运用过滤、复配、络合和膜过滤等技术，对沼液中的养分进行浓缩，降低沼液体积，提高沼液肥料中腐殖质和无机养分的含量，根据不同作物的需求，配制生产具有针对性的商品肥料，提高经济价值。

（1）沼液作无土栽培营养液。

无土栽培是用人工创造的根系环境取代土壤环境，并能对这种根系进行调控以满足植物生长需要的作物栽培方式，具有产量高、质量好、无污染、省水、省肥、省地及不受地域限制等优点。目前无土栽培主要采用化学合成液作为营养液，配制程序比较复杂，主要用于设施农业。沼液不仅含有植物生长所需的所有元素，而且经过稀释后基本上可以用作专用营养液。

沼液无土栽培突破了无土栽培必须使用化学营养液的传统观念，克服了传统化学营养液无土栽培的缺点，保持了无土栽培不受地域限制、有效克服连作障碍、有效防治地下病虫害、节肥、节水和高产的优点。一些研究表明，利用沼液种植植物并没有引起植物地上部分的重金属过量积累，进行无公害生产是可行的。利用沼液进行无土栽培生产番茄、黄瓜、芹菜、生菜和茄子，与无机标准营养液栽培相比，品质显著提高，尤其体现在维生素 C 含量、可溶性固形物、可溶性糖含量的增加和硝酸盐含量的降低上，产量也有一定的提高。这充分体现了利用沼液配制植物水培液的优势，并且沼液无土栽培设施简便，易于就地取材，可作为沼气工程的后续产业，大面积推广应用，是今后农村沼气发展的一项非常有前景的措施。

沼液中的氨氮和盐度等一般较高，不利于植物的生长，用于无土栽培时一般要对其进行稀释，并且需要在储存池进行 30 天的熟化和稳定。经沉淀过滤后的沼液，可以根据各类作物的营养需求，按 1∶4～1∶8 比例稀释后用作无土栽培营养液，并且电导率值应控制在 2.0～4.0 毫秒/厘米，可用硝酸或磷酸将沼液的 pH 调整到 5.8～6.5。根据作物品种的不同或对微量元素的需要，可适当添加微量元素。在栽培过程中，要定期添加或更换沼液。加入螯合态铁以保持沼液中一定的铁浓度是解决沼液缺铁问题的行之有效的方法。

（2）沼液浓缩制肥。

沼液相对于废水排放标准而言，其氮、磷等物质的浓度太高，但是相对于肥料而言，其营养物质浓度仍较低，因此单位养分的运输成本太高。目前畜禽粪污沼液肥料化利用主要以近距离还田利用为主。随着畜禽养殖业集约化、规模化的发展，养殖场周边土地消纳能力与沼液产量之间的矛盾越来越突出，将沼液进行浓缩以降低其运输成本是解决途径之一。常用的方法主要有负压蒸发浓缩和膜浓缩等。

负压蒸发浓缩是一种成熟而有效的液体浓缩技术，具有操作简单、对环境条件要求低、能够忍耐较高的悬浮物等特点。负压浓缩技术在沼液的浓缩中，既能有效防止沼液内有效成分的流失，又能起到浓缩的效果。浓缩温度一般在 50～80 摄氏度，可实现沼液 4 倍左右的浓缩，浓缩液含有一定的营养物质且植物毒性较低，可以作为肥料，冷凝水可以回用或达标排放。

膜浓缩具有工艺简单、操作方便和不改变成分特性等特点，也是沼液浓缩的理想选择。有纳滤、正渗透膜和反渗透膜等，纳滤和反渗透需要一定的压力，而正渗透技术则需要氯化钠和氯化镁等作为汲取液。由于沼液中含有较高浓度的悬浮物，可能会对膜造成堵塞，一般在进行纳滤和反渗透膜浓缩前要进行预处理，预处理方式有砂滤、微滤、超滤和絮凝等，在工程应用中，纳滤-超滤、纳滤-反渗透的组合较为常见。膜浓缩对沼液的浓缩倍数一般在 5 倍以上，纳滤-超滤组合甚至可以达到 20 倍以上。目前膜浓缩技术在营养物浓度相对较高的鸡粪处理沼液中已有生产应用，相应的产品也已进入市场。而对于营养物浓度相对较低的猪场和牛场废水沼液而言，要达到理想的浓度，需要更高的浓缩倍数和生产成本。

大量试验证明，膜浓缩技术用于沼液浓缩技术可行，浓缩效果较好，但是也存在一些问题，制约了浓缩技术在沼液浓缩中的应用：①运行成本，膜组件本身价格相对较高，且运行过程中需要高压泵提供过膜所需的压力，高压泵耗能高，运行成本高，但是随着制膜技术的发展和膜浓缩工艺的优化，目前沼液膜浓缩的成本正被很多养殖场所接受。②污染，沼液中含有大量的有机物及悬浮微粒，还有部分胶体粒子，这些物质均会造成膜的污染以致浓缩系统正常运行的时间变短，预处理是目前常用的解决方法，但是需要增加成本。③安全性，畜禽饲料含有重金属，重金属随着粪便一起进入沼液中。膜技术在浓缩沼液中营养物质的同时，也将其中的重金属元素进行了浓缩，这会增加浓水在肥料化利用上的风险，但是目前的一些研究结果表明浓水的重金属含量基本在国家相关标准允许范围之内。

另外，也可以采用磷酸铵镁（鸟粪石）沉淀技术和离子交换树脂等分别回收沼液中的氮、磷和腐殖酸等物质，但是由于成本较高等难以大规模推广。

（3）沼液养鱼。

利用沼液养鱼也是沼液资源化利用的常见途径，沼液可以用于草鱼、青鱼、鲫鱼、鲤鱼、鲍鱼和蝙鱼等鱼类的养殖。沼液可为水中的浮游动、植物提供营养，增加鱼塘中浮游动、植物的产量，丰富滤食性鱼类的饵料，从而减少尿素等化学肥料的施用，也能避免施用新鲜畜禽类粪便带来的寄生虫卵及病菌而引发的鱼病及损失，保障并大幅度提高效益。使用沼液养鱼，鱼苗成活率较传统养鱼可提高 10%以上，鱼增产可达27%以上。

沼液既可作鱼塘基肥，又可作追肥。沼液作为鱼池基肥应在鱼池消毒后、投放鱼种前进行施用，每公顷水面施入沼液 3000～4500 千克，一般不宜超过 4500 千克，作为追肥的施用量一般在 1000～3000 千克/公顷。

除了养鱼外，沼液也可以用于其他水产产品的养殖，如河蚌等。

（4）沼液养藻。

藻类是在水中营自养生活的低等植物，沼液中的氮、磷等物质也可以供藻类所利用。藻类能够大幅度降低沼液中氮、磷的含量，并可以净化沼气中的 CO_2。利用沼液养殖微藻不仅能净化沼液，还能获得高密度、高质量的藻体，藻体可生产生物柴油用于饲料蛋白。相对于沼液还田利用，沼液养殖微藻需要的土地面积大为减少。

沼液营养丰富，但也有不利于藻类生长的因素，如沼液一般呈褐色，颜色较深，含有大量悬浮物，浊度较高，不利于透光。沼液的氨氮含量较高，对藻类的生长会造成毒害作用。在开放环境中，沼液很容易滋生杂菌、杂藻及其捕食者（如轮虫、噬藻体等），在微藻处理沼液的过程中，微藻细胞很容易受到虫害的影响。因此，沼液预处理对于整个微藻养殖过程而言至关重要。沼液预处理主要是降低浊度、调整营养结构及预防虫害等。

利用沼液养殖微藻在达到净化沼液目的的同时也可以收获藻体，用于其他用途，实现沼液的资源化再利用。从微藻生物质中可以提取 3 种主要成分：油脂（包括三酰甘油酯和脂肪酸）、碳水化合物及蛋白质。油脂和碳水化合物是制备生物能源（如生物柴油、生物乙醇等）的原料，蛋白质可以用于动物和鱼类的饲料。

目前微藻生物质的收获、干燥和目标产物的分离均为高耗能过程，仍是藻类资源化利用系统中亟须解决的问题。沼液中一般氮含量较高，微藻在高氮的条件下会积累大量的蛋白质，可用作饲料。饲料化应用无须提取步骤，是现阶段较为理想的利用方式。

另外，利用沼液养殖一些能够生产高附加值产品的微藻也是较为理想的途径，如养殖雨生红球藻，可生产虾青素；养殖螺旋藻，可用于生产保健品等。

5.2.3　草木灰利用技术

秸秆的直燃或者固化成型后的燃烧会产生一定的草木灰，在燃烧过程中氮元素会损失，但是磷元素和钾元素会被保留，一般是作为肥料利用。

草木灰质轻且呈碱性，主要成分是碳酸钾（K_2CO_3）。因草木灰为植物燃烧后的灰烬，所以植物所含的矿质元素，草木灰中几乎都含有。其中含量最多的是钾元素，一般为 6%～12%，其中 90%以上是水溶性的，以碳酸盐形式存在；其次是磷，一般含1.5%～3%；还含有钙、镁、硅、硫和铁、锰、铜、锌、硼、钼等微量营养元素。不同植物的灰分，其养分含量不同。在等钾量施用草木灰时，肥效好于化学钾肥。施用 750千克/公顷草木灰的烟草在前期长势较好，化学成分表现较为协调，内在品质表现较好，产量较高。草木灰可以直接利用，也可以制成颗粒缓释肥利用。

5.3 小 结

（1）西南地区农村能源生产与转化技术包括沼气技术（包括户用沼气和沼气工程）、固化成型技术和小型发电装备技术等，以沼气技术发展最为迅速。能源利用器具包括沼气炉灶、节柴灶（炉）和太阳能热水器等，以太阳能热水器最为普及。

（2）能源生产副产物利用技术主要以沼渣沼液的利用为主，其中沼液的利用是目前的难点。

6 西南地区典型能源生态模式

西南地区养殖业和种植业在国民经济中占较大的比例，是我国沼气等可再生能源利用较多的地区，发展能源生态符合当地的自然生态环境与经济建设要求。本章在对西南地区能源生态建设实地调研的基础上，总结凝练出一些典型的能源生态模式，并对其效益和存在的问题进行了分析。

6.1 庭院型能源生态模式

庭院型能源生态模式是一种庭院经济与生态农业相结合的生产模式，主要以家庭的庭院住所为中心，将养殖、种植和生活用能结合起来，并兼顾生活环境和生活习惯的改善。该模式以户用沼气技术为中心，随着户用沼气的推广发展起来，最初以解决农村用能问题为主，在发展过程中进一步突出了户用沼气的经济效益和环境效益，融合太阳能等清洁能源，将养殖和种植结合，形成能源生态模式。

西南地区是我国户用沼气发展较早的地区，已经形成多种模式，主要存在散居类型、群居类型和新农村建设类型等。

6.1.1 散居类型

散居类型主要针对西南地区散居农户，集中在四川盆地及周边山区。其主要特点为农户的住房散布在田野之间，或单独或三五成群。一方面因为山地和丘陵的地形很难找到大面积进行集中居住的平地；另一方面居住在田地之间方便耕作。民居一般以二层小楼为主，楼上为起居等生活区，一楼进门为客厅，其他区域为仓库、厨房、厕所和猪圈，房前一般有一块平地供日常活动，多数无院落围墙，周边直接开放面对农田。农民收入以种植、养殖和外出务工为主。

庭院型能源生态模式以户用沼气为中心，将种植和养殖结合起来，养殖以猪和牛为主，种植一般以粮食、蔬菜、果树和茶叶等为主。

"猪-沼-果"是目前散居农户能源生态建设的主要模式，利用沼气技术将养殖和种植结合起来，一般一户3～5口之家养猪存栏3～5头或牛1～2头，修建8～10立方米的沼气池，可以满足其厨房炊事用能。一般一户有土地2～5亩，以种植粮食和果树为主，沼液可以用于有机肥料。沼气建池与改圈、改厕、改厨相结合，使人畜粪便和厨房污水均进入沼气池，达到无害化处理，从而实现家居温暖清洁化、庭院经济高效化和农业生产无害化的生态家园富民计划的目标（图6-1）。

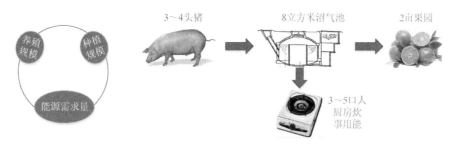

图 6-1 散居"猪-沼-果"能源生态模式的平衡关系

这种类型的农户生活用能以电能和沼气为主，太阳能、薪柴和煤炭等作为补充。电能主要用于电视和冰箱等家用电器；沼气主要用于厨房炊事，包括沼气炉和沼气电饭煲等；太阳能主要用于加热水，用于洗澡等；薪柴和煤炭等作为厨房补充和取暖的用能。

该类型的能源生态模式具有规模小和受市场冲击小等特点，相对比较稳定。但是也存在一些问题，如农户的养殖规模很难与种植规模匹配，农户需要购买化肥来补充沼肥的不足。一些养殖数量较大的农户会修建相对较大的沼气池进行粪污处置，所产生的沼气可能超出一个农户厨房用能的需求，多余沼气的出路也是需要解决的问题，尤其是在夏天。

该模式的经济效益取决于种植部分，一般种植水果和茶叶等经济效益较高的作物，其模式状态的稳定性高于种植一般粮食作物。我国养殖业的规模化、集约化发展对该模式也有较大的影响，散养户的逐渐减少导致户用沼气难以进一步推广，甚至有很多沼气池因为原料缺乏被废弃。

养殖规模、种植规模和用能量之间的平衡是该模式稳定运行的保障。在这三者中，养殖规模可变性最强，农户可以根据需求适当调整；种植规模受土地量的限制，变化空间较小；用能量取决于农户的人口数量和用能方向，一般来说变化空间也相对较小。对一个 3～5 口的农户来说，每天厨房用气在 0.6～0.8 立方米，仅需 3～4 头猪即可供应足够的发酵原料，而 3～4 头猪所产生的粪污只需 1～2 亩地即可消纳实现平衡。一般农户的耕地面积在 2～5 亩，也就是说仅以用能为目的，以养殖为变量，种植部分对肥料的需求是有盈余的，这个缺口主要是通过化肥或者其他肥料来补充，这也是目前该类型能源生态模式的主要运行模式。

典型案例 1：四川省眉山市丹棱县兴隆村

丹棱县兴隆村，位于县城西北部 4.5 千米处，全村有 9 个经济社，农户 721 户，总人口 2580 人，属于散居村庄。兴隆村为浅丘区，地形起伏小，有部分平坝。该村交通便利，以水果、养殖为主导产业，全村年出栏生猪 6000 头，该村积极探索"猪-沼-果"循环经济模式，鼓励村民新建农村户用沼气池。全村已建沼气池 500 多口，容积 8000 多立方米，年产沼气 20 多万立方米。全村沼气协会会员有 140 户，占全村建池农户的 26%。已建成乡村服务网点 1 个，有专职服务人员 1 人，配备抽渣泵 2 台、沼气检测仪 1 套、维修工具 2 套、办公设备 1 套，采取流动服务和集中服务两种模式。

　　沼气池的修建，解决了全村75%以上农户的生活用能问题，每年可以减少二氧化碳排放3258吨，"猪-沼-果"循环经济模式每年为农民户均增收1460元，促进了农民增收。同时还修建了卫生厕所，购置了垃圾车，建立了垃圾回收处理站，做到垃圾不出村，污水不入河，粪水进沼气池，秸秆综合利用，有效地解决了农村面源污染环境问题，实现了庭院、水源和田园清洁干净、环境优美，取得了明显的经济、社会和环境效益。

　　如图6-2所示，该农户的住房位于果园中，以柑橘类为主，并种植葡萄等，有一个小型的猪圈，猪存栏量为30头左右，建有两个8立方米的玻璃钢沼气池。住房包括客厅、卧室、厨房和厕所，客厅和卧室的能源供应主要来自于电能，用于电视、电风扇和空调等；厨房的炊事用能来源主要是沼气，但是照明仍是利用电能；厕所带有淋浴间，热水来自于屋顶的太阳能热水器，太阳能热水器的热水在冬季也可以供厨房用水。沼气池产生的沼渣和沼液全部用于周边果园的施肥。厨房的废水一般进入生活污水净化沼气池，然后进入人工湿地处理，一般人工湿地的出水较少，可以直接用于果园灌溉。

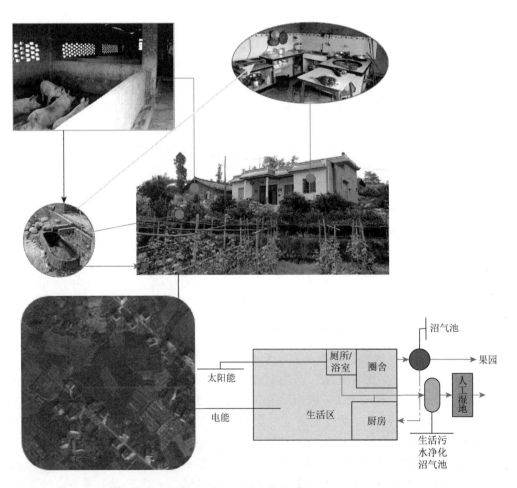

图6-2　四川省丹棱县兴隆村散居"猪-沼-果"能源生态模式

兴隆村是丹棱县在较早时间打造的示范村，在各级部门的大力支持下，农村的生产、生活和文化都发生了较大的变化，大多数农户都搬进新建的楼房，人均居住面积达70平方米。农民生活习惯有很大的提高，楼上居住，楼下养殖、放置农具和储藏水果，上楼换拖鞋，下楼换胶鞋。炊事用能来源主要为沼气，果树残枝作补充，洗澡用能来源以太阳能为主、液化气为辅。该村已成为了不种植粮食作物的无粮村，专业种植水果，农民的收入逐年提高。农户养殖以为沼气提供原料和果树提供肥料为目的，实现种养平衡，有机肥得到了充分利用，"猪-沼-果"循环经济模式效果明显。

6.1.2 群居类型

除了散居外，西南地区也分布着大量的自然村落，几十户或者几百户聚集在一起，田地分布于村落的周边。农民以耕种为主，但是一般在院落里都有牲畜养殖。该种类型与散居模式没有本质的区别，但是沼气池的修建更多的是为了庭院的整洁和厨房能源的供应，以减少对薪柴等传统能源的依赖，利于生态环境的保护。

该类型在云南较为常见，民居形式以带有牲畜圈舍的庭院为主。如图6-3和图6-4所示，农民生活用能主要来源于电能、沼气、太阳能及部分薪柴和秸秆。太阳能主要用于为淋浴房提供热水，沼气是厨房炊事用能的主要来源，沼气发酵原料为猪与牛等牲畜的粪尿和厕所粪污。沼渣和沼液用作农田与烟田等的肥料。农作物秸秆一部分用于牲畜饲料，一部分用于燃烧用能，利用节能灶提高秸秆和薪柴的利用率。生活污水一般外排，但是目前

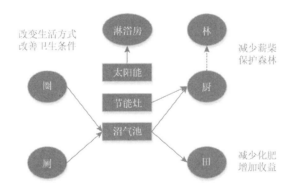

图 6-3 群居能源生态模式能源利用组成及其效益

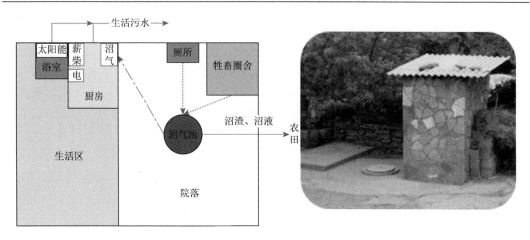

图 6-4　云南省石林县圭山镇糯黑村庭院能源生态模式

该地区生活污水外排后处理率较低。该种能源生态模式的主要作用在于保持庭院的清洁卫生，并能使农民节约生活成本，增加收入。

该类型的模式主要是在政府的推动下进行的，以改变农户的生活方式为目的，所以维系其运转的更多的是社会和环境效益。随着环境的改变和生活水平的进一步提高，该模式也存在一定的不稳定性。例如，干旱缺水可能会导致牲畜的养殖规模缩减及沼气池进料不足等，从而影响沼气池的运行。生活水平进一步改善有可能使农民采用更清洁的能源而抛弃沼气能源。

不同于散户型的能源生态模式，沼渣和沼液的运输在群居模式中需要运输的距离更远，相对于化肥而言，其使用复杂程度更大，这也增加了该模式的不稳定性。

该模式的主要代表为云南省石林县圭山镇糯黑村、石林镇和摩村、建水县龚家庵村、贵州省贵定县麦董村等。

典型案例 2：云南省石林县圭山镇糯黑村

糯黑村是一个彝族撒尼人的聚居区，是云南省"省级阿诗玛非物质文化遗产保护区"。糯黑村位于昆明市和石林县东部，海拔 1900 米，地处喀斯特岩溶地貌发育地带。有 396 户 1500 多人，其中，彝族人口占 99.8%。全村国土面积约 28 平方千米，总耕地面积 3643 亩，人均耕地面积近 3 亩。该村所处区域属低纬度高原季风气候，气候温和，无霜期长，年平均气温 13.7 摄氏度。粮食作物主要包括玉米、马铃薯、豆类和荞麦等；经济作物以烤烟为主，另有工业大麻、南瓜、葵花籽、梨、核桃、苹果和柿子等。糯黑村四周群山环绕，树木茂密，森林覆盖率为 86%，其中用材林占 36%。养殖业以养殖圭山山羊为主，其次是猪和黄牛等。全村产粮人均约 1000 千克，人均收入约 3000 元。从 2009 年开始大力进行村寨环境整治，每家每户建设了沼气池，不仅解决了村民的燃料问题，在客观上也促进了森林植被保护。

图 6-4 为糯黑村一个典型院落的构成，生活区和厨房在一起，厨房用能来源以沼气为主，辅助薪柴和电能。厨房旁边有淋浴室，太阳能为其提供热水。厕所和畜禽圈舍位于院落中，畜禽养殖以猪和羊为主，也有少量牛和马等大型牲畜。厕所和牲畜圈舍经过硬化等

改造后，粪污直接进入沼气池，利于庭院的卫生整洁。生活污水通过简易管道集中处理或者外排。沼渣和沼液被运往村落外的农田用作肥料。能源生态模式在改变彝族居民的生活卫生习惯方面起了重要作用。

典型案例 3：贵州省福泉市黄丝镇黄丝村

黄丝村地处贵州省福泉市黄丝镇的中心腹地，距市区 27 千米，有 210 国道、贵新高速公路、湘黔铁路和珠六复线穿境而过，交通便利，总面积 45 平方千米，耕地面积5521 亩（其中水田 2478 亩，旱田 3043 亩），主要作物为猕猴桃、蔬菜等，养殖以猪和牛等为主。全村共有 18 个村民组，1459 户，5672 人，是一个集汉族、布依族和苗族等多民族杂居的村。该村江边布依寨现有农户 89 户，人口 359 人，主要为布依族。该寨从 2007 年开始进行配套沼气池建设（一池三改），建有沼气池 74 口，占 83%。2008 年完成农村清洁工程，主要包括完成 2 立方米农业投入品垃圾回收池 20 个，建 4 立方米田间储粪池50 个；每户三个三种颜色的分类垃圾桶；公共生活垃圾收集箱 10 个；沼肥和垃圾清运车一台；主干道硬化 1500 米，排污沟硬化 1000 米；农村有机废弃物净化造气炉 10 台。生活污水处理系统根据该寨住户的分布情况，完成联户型 9 座，涉及 50 户农民；建用户清洗池 50 个，污水管道 2400 米。生活用能来源有电能、沼气、液化气和太阳能等。沼气池为砖混结构，以 8 立方米为主，用于厨房做饭和照明等。沼渣和沼液用于周边农田施肥。太阳能热水器主要用于提供热水。

典型案例 4：云南省建水县龚家庵村

龚家庵村位于建水县南庄镇西南，距离镇 1.5 千米。国土面积 1.44 平方千米，海拔1365 米，年平均气温 17.50 摄氏度，年降水量 800 毫米，适宜种植水稻、玉米、红薯等农作物。有耕地 468 亩，其中人均耕地 0.47 亩；有林地 374 亩。全村管辖 4 个村民小组，有农户 271 户，有乡村人口 987 人。该村农民以汉族为主（是汉族和彝族混居地），其中汉族 975 人，彝族 10 人，哈尼族 2 人。劳动力 634 人，其中从事第一产业的人数为 569人。该村的主要产业为种植业和养殖业，以县内销售为主。农民人均纯收入 2412 元，农民收入主要以种植业和养殖业为主。

该村每户人口在 3～6 人，养猪存栏 2～8 头，沼气池池容以 8 立方米为主，砖混结构，原料来源以猪粪尿为主，厕所人粪尿也进入沼气池，所产沼气用于厨房用能，沼渣沼液用于农田用肥。主要农作物为玉米和红薯。厨房生活用能来源以沼气为主，辅助建有节能炉，原料为薪柴和秸秆，电能在厨房内主要以照明为主，部分农户中有电磁炉和电饭煲等。生活区有电视机、冰箱、洗衣机和风扇等电器，每月用电支出在 40～60 元。太阳能利用以热水器为主，用于提供洗澡和其他生活用热水。

6.1.3 新农村建设中散居向群居转变类型

该类型主要是指四川和重庆等地为适应新农村建设对散居单户进行集中安置，在尽量保留原来生活方式的情况下形成的一种模式，该模式保留原来的养殖习惯，但是将猪圈移到楼房之外,沼气池仍在猪圈位置就近修建。生活污水通过管道集中收集与处理,处理方式以生活污水净化沼气池为主,辅助人工湿地等措施。

　　农村能源建设是农村经济社会发展的重要基础产业,在农村生产和生活中具有举足轻重的地位,也是新农村建设的重要内容。虽然一些较为富裕的、距离城镇较近的新村建设中选择管道天然气作为主要能源,如四川省丹棱县丹棱镇群力村和狮子村等,但是对于一些位置较为偏远的区域而言,沼气仍然是较为理想的选择。

典型案例 5:四川省叙永县红岩村

　　叙永县红岩村距县城 8 千米,平均海拔 800 米,全村共有 7 个农业生产合作社,农户 1100 多户,人口 3700 多人,面积 8.87 平方千米,耕地面积 3659 亩。红岩村距离县城近,土地肥沃、雨量充沛,尤其是在海拔 800 米以上的地区,终年云雾缭绕,茶和红岩贡米及乡村旅游是红岩村的支柱产业。该村建成户用沼气 651 户,太阳能利用 708 处,节柴节煤炉(灶)417 个,生活污水净化沼气池 528 立方米。"三沼"利用率达 90%,可以减少其他燃料和肥料的购买,估算新能源利用可以产生效益 158 万元,减少薪柴砍伐 1300 吨,二氧化碳减排 2500 多吨。

　　如图 6-5 所示,红岩村的新农村建设中仍旧在住宅后面修建沼气池,并在沼气池旁预

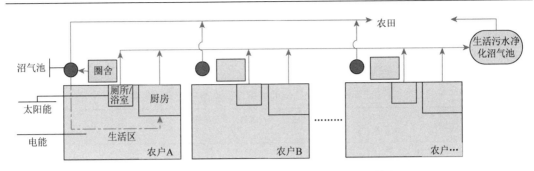

图 6-5 叙永县红岩村新农村建设能源生态建设模式图

留猪圈的位置，也就是说仍以"猪-沼-X"的模式进行设计，沼气用于厨房炊事，沼液用于周边的茶园或农田的粮食种植。生活污水主要是通过管道收集后集中在村外的生活污水净化沼气池进行处理。

6.1.4 效益与存在的问题

6.1.4.1 效益分析

　　庭院能源生态模式以家庭为单位，利用沼气技术将养殖和种植结合起来，沼气的利用可以节省一些能源方面的开支，沼肥的利用可以节省一些化肥的开支，产生了一定的经济效益；沼气的利用可以减少有机物和氮、磷等面源污染物和温室气体的排放，改善庭院卫生条件，具有一定的环境效益；同时改变农民的生活方式和改善居住环境，具有一定的社会效益（图 6-6）。

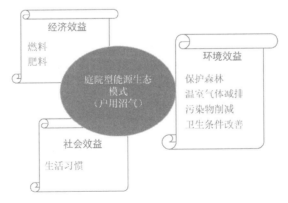

图 6-6 以户用沼气技术为中心的能源生态模式的效益分析

1. 经济效益

　　庭院能源生态模式能产生一定的经济效益，主要来源于两个方面：一是燃料方面，目前经济效益的计算方法主要是燃料替代所节省的开支；二是肥料方面，计算方法以替代其他肥料或增收效果为主。不同地区的计算方法略有差异（表 6-1），但总体而言，西南地区常见的 8 立方米户用沼气池的经济收益一般在 1000～1500 元/年,而且在燃料方面的收益要大于在肥料方面的收益。

表 6-1　西南地区不同区域的庭院能源生态模式经济效益

省 (直辖市)	区域	池容 (立方米)	燃料收益 (元/年)	肥料、农药收益 (元/年)	总收益(元/年)	参考文献
四川	射洪县、高坪 区和简阳市	8	935	95 + 30	1060	杨敏,2011
重庆	三峡库区	8	740	644 + 50	1434	蒲昌权等,2008
云南	—	8	580 + 850 (人力成本)	250	1680	袁红辉,2017
	玉溪市	8	578	324	902	曹秀玲,2012
贵州	乌当区	8	600	662	1262	陆剑等,2017

2. 环境效益

庭院能源生态模式的环境效益主要表现在森林保护、污染物消减、温室气体减排和卫生条件改善等方面。

西南地区森林资源丰富,薪柴曾经是许多农村地区主要的炊事能源来源,沼气作为一种炊事能源的替代品在森林保护方面起到了重要的作用。

庭院能源生态模式对森林保护效益的分析通常以每口沼气池产生的沼气量抵扣薪柴用量和当地森林单位面积薪柴产量来计算所减少的森林破坏面积。不同地区的换算略有差异,一口户用沼气池可以节约薪柴 2～3 吨。例如,曹秀玲(2012)对云南省玉溪市的分析认为 1 口沼气池年产沼气 550 立方米,相当于每年替代薪柴 2 吨,减少 886.7 平方米森林的采伐;李培林等(2012)对云南省昆明市西山区的分析认为每口沼气池每年可以节约薪柴 3 吨,相当于保护或少砍伐森林(中幼林)166.75 平方米。张登亮(2006)来自宁蒗县的数据则表明一口沼气池节约柴 3 吨,相当于保护 500 平方米的森林;谢晓慧等(2008)研究认为 1 口 8 立方米的沼气池年平均可产沼气 500 立方米,农户使用沼气可解决 80%以上的生活燃料问题,相当于每户每年节约薪柴 2 吨,相当于每年保护 330 平方米森林。

庭院能源生态模式对森林的保护效益在石漠化地区尤为明显(图 6-7),西南地区石漠化面积较大,石漠化地区水土流失严重,土壤有机质含量低,土壤结构差,干旱缺水,森林覆盖率低,林木蓄积量少,蓄水保水能力差,极易造成旱涝灾害,灾害频繁。以户用沼气技术为核心的庭院型能源生态模式可以提供燃料以减少森林的砍伐,沼肥可以改良土壤,以达到综合治理的效果。重庆武隆石漠化地区以沼气为纽带,带动种植业和养殖业发展,种植业与养殖业互补,又促进了沼气的建设发展,取得了良好的效果(肖清清,2012)。在贵州毕节的石漠化治理示范区内 8 立方米沼气池的年产气量为 714.25 立方米,完全满足家庭的生活用能需求。一口沼气池每年可提供 6000 千焦的有效用能,相当于节省薪柴 2 吨。同时 8 立方米的户用沼气池能满足一个 4～5 口人农家的常年生活用能,可以减少 80%

以上的如薪柴和煤炭之类的能源消耗，每年可以替代 2 吨的薪材资源，保护林木资源面积 0.11 公顷。"三池一改"技术可以处理畜禽粪便，也可以生产优质清洁能源，减少甲烷的排放（赵盼弟，2015）。

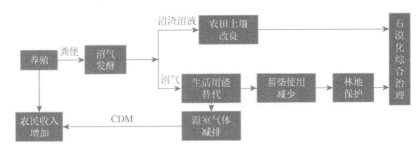

图 6-7　庭院型能源生态模式在石漠化综合治理中的作用

笔者对四川省叙永县落卜镇硐坪村进行了调研，该村是叙永县石漠化治理的核心示范区，种植业以种植油菜和玉米等为主，养殖业以养猪和牛等为主，人均耕地面积 3～4 亩。该村以前是荒山，石漠化严重。在治理过程中，政府从 15 千米外运了七八千吨土壤，覆盖泥土后种上竹子和红椿，平缓的土地种植蔬菜和粮食。修建沼气池是石漠化综合治理的重要内容，用来提供新的生活用能，以减少对薪柴的依赖，利于石漠化的治理。该村沼气覆盖率超过 50%，既保护了林地资源，改善了土壤，又提高了农民养殖积极性，增加了其收入。

庭院能源生态模式的另一个环境效益是污染物削减，主要是对 COD、氮和磷等面源污染物的削减。杨志敏等（2011）的研究表明，三峡库区每口户用沼气池全年可减少 COD 230.65 千克、总氮 38 千克和总磷 11.84 千克的污染物进入水体。沼气技术在我国农村面源污染防治中发挥了重要作用。笔者在国家"十一五"水体污染控制与治理科技重大专项的支持下，在四川省乐至县和重庆市巴南区两个农村饮用水水源地利用沼气技术和生活污水净化沼气池技术配合人工湿地对面源污染的控制进行了研究示范，取得了良好的效果（梅旭荣等，2018）。

温室气体减排是庭院能源生态模式环境效益的重要组成部分。户用沼气池的建设既能减少传统粪便管理方式造成的甲烷排放，又能充分利用可再生能源，减少化石燃料的使用进而减少二氧化碳温室气体的排放。杨子尧和王云琦（2014）对四川凉山彝族自治州农村中低收入家庭户用沼气项目的分析表明，户均温室气体减排量二氧化碳当量在 1.8～2.5 吨，直接减少二氧化硫排放约 8.09 千克，减少氮氧化物排放约 0.88 千克，减少烟尘排放约 0.42 千克。

据《凉山日报》报道（2016 年/1 月/29 日/第 A05 版），截至 2015 年年底，彝族自治州全州累计已建设沼气池 378 440 口，普及率达到适宜农户总数的 51% 左右，开发和节约的再生能源相当于 32.9 万吨标煤。全州农村能源建设总量每年能保护 163.1 万亩森林免受樵采，减少水土流失 207 万吨，有效地保障了"天保"退耕还林和"长江防护林"等生态建设工程的实施成果，防止了泥石流和山体滑坡等自然灾害的发生。沼气建设年产沼气 14 531 万立方米，每年减少二氧化碳当量排放 29.5 万吨。

卫生条件改善也是庭院型能源生态模式环境效益的重要内容,通过庭院中的"一池三改"等措施将人畜粪便集中在沼气池中处理,既保证了庭院的清洁卫生,又有利于人畜疾病的控制。沼气池能够在厌氧发酵的环境中有效杀灭蛔虫、钩虫、鞭虫、蛲虫和血吸虫等寄生虫卵,是将农村人、畜、禽粪便无害化的较好方式。通过沼气建设,改厨、改圈和修建卫生厕所,改善了环境卫生状况,各种肠道传染病得到了有效控制,有利于农民的身心健康。

3. 社会效益

沼气的社会效益主要是通过使用清洁、高效的沼气替代了传统能源,使广大农民群众的生活品质得到明显的改善,促进了农村生态文明建设。主要表现为两方面:一是促进了良好的卫生生活习惯的养成;二是广大农村劳动力特别是农村妇女从采伐薪柴的繁重劳动中解放出来,促进了社会的发展。

6.1.4.2　存在的问题

庭院型能源生态模式的建设虽然已经较为成熟,并且在过去的几十年间发展迅速,但是近年来,随着经济社会的发展,该模式仍存在一些问题和挑战(图6-8)。

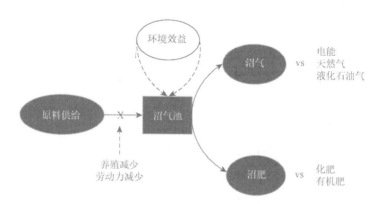

图6-8　以户用沼气技术为核心的庭院型能源生态模式面临的挑战

原料供应问题是限制户用沼气和庭院型能源生态模式发展的最主要的原因。随着我国经济的发展,畜禽养殖集约化、规模化程度加速,散养户迅速减少,户用沼气原料来源被阻断,不仅在数量的增长速度上明显减缓,同时在一些地区已建好的沼气池出现大量空置。如云南省漾濞彝族自治县自1995年开始推广农村户用沼气池,至2016年年底,共有沼气用户1.33万户,但是仍在使用的沼气池为5320户,使用率为40%;闲置弃用数为7980户,闲置弃用率为60%(余坤等,2018)。西双版纳傣族自治州"十二五"期间户用沼气池的建设数量从2011年的2025户减少到2015年的100户(段绍卫和邱苗,2017)。

劳务输出引起的农村劳动力减少也是散户养殖减少、沼气发酵原料减少的一个重要原因。西南地区的很多农村主要以留守老人和儿童为主,青壮年劳动力基本上外出打工。一方面，养殖和种植减少，一些老人难以胜任繁重的体力劳动；另一方面，沼气的使用较电能要复杂一些，一些留守老人也不愿意用沼气。此外，外出务工使其家庭收入提高，家庭能源消费量降低，农民趋于选择电能等（图6-9）。

沼气与目前农村其他可以获得的能源相比，优势不明显，尤其是对一些经济相对富裕的家庭而言。第一是在稳定性上，沼气技术虽然已经很成熟，但是仍要受到气候和原料等的影响，可能会在冬天或者没有原料供应的时段没有足够的沼气供应。第二是在操作性上，沼气与天然气和罐装液化石油气等相比，在末端差别不大，但是沼气需要对沼气池和脱硫装置进行维护，而修建成本及管道、器具的购买和维护也需要一定的资

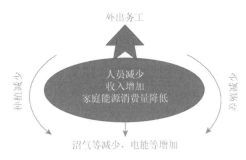

图6-9 劳务输出对能源选择的影响

金。第三是在适用范围上，沼气目前主要用于炊事，虽然已有沼气灯和取暖器等产品，但是相对使用较少。天然气和罐装液化石油气与沼气的适用范围相当，而电能则可以适用于各个方面的用能。因此，当电能、天然气和液化石油气价格在农民可承受的范围内时，农民选择沼气的意愿会受到影响。

沼肥是沼气技术的另一大副产品，与其他类型的肥料相比，虽然沼肥在作物品质提高方面有一定的优势，但是与化肥相比，在产量和施用的方便程度等方面优势并不明显，特别是在方便程度方面，沼肥明显较差。此外，由于劳动力的缺乏，种植面积减少，对沼肥的需求也相应减少。

在农户感知效果方面，农村沼气发展在节约做饭时间、改善家庭卫生条件和农村环境方面成效显著，而在农民收入增加和农产品质量提高方面，农户感知效果不太明显。一般来讲，农民主要依靠家庭经营性收入、工资性收入及转移性收入等收入来源。农村沼气发展一方面通过政府对建池环节的补贴增加了农民的转移性收入，但相比较农户建池支出而言，农户很难感受到增收效果；另一方面，建池农户通过沼气的使用可以节约生活能源开销，鉴于农村生活能源消费普遍偏低，农户感知效果不太明显。因而唯有通过沼液和沼渣的综合利用，提升农产品质量，带动特色种植和养殖业的发展，从而增加家庭经营性收入的比例，农户才能切实感受到农村沼气发展所带来的经济效益（金小琴，2016）。

6.1.4.3 对策与发展前景

1. 进一步发挥沼气在解决生活污染方面问题的效益

目前庭院型能源生态模式问题的根源在于其经济效益减少。但是在目前的情况下，其环境效益仍是较为明显的，尤其是在西南地区的散居区域。西南地区农业面源污染问题较为严重，而沼气技术在面源污染控制方面有重要的作用。以户用沼气为中心的庭院型能源生态模式可以继续发挥户用沼气在生活污染控制方面的优势，发挥其在生活污水、有机垃圾和粪便处理方面的优势，进一步突出其环境效益。为了刺激农民的积极性，除了加大宣

传外，也应从政策和经济方面予以支持，如适当给予一定的生态补偿等。在技术方面应加大生活污水净化沼气池的发展和废弃户用沼气池的改造。

2. 产业链延伸，增加经济支撑

庭院型能源生态模式的困境在于经济效益的降低，解决这一问题的根本在于拓宽产业链，增加经济支撑，将经济效益提高。乡村旅游是目前较为成功的方式，继续发挥沼气在维持乡村整洁和保护乡村环境方面的优势，将其环境效益转变为经济效益。庭院型能源生态"恭城模式"的发源地广西壮族自治区恭城县红岩村在 21 世纪初开始走生态旅游的路子，从"三位一体"发展到养殖、沼气、种植、加工和旅游"五位一体"的生态农业模式，先后被评为"全国特色景观旅游名村""中国农业旅游示范点""中国最有魅力休闲乡村"。四川省丹棱县梅湾村、兴隆村和龙鹄村是丹棱县"丹棱·桃花源"乡村旅游的核心区域，"猪-沼-果"庭院型能源生态模式仍在发挥着重要的作用。

综上所述，以户用沼气为中心的庭院型能源生态模式在我国西南地区的农村经济社会发展中发挥了重要的作用，可以提高经济收入，改善生活条件，减少环境污染。但是随着农村生产和生活条件的改善，庭院型能源生态模式在经济效益方面的优势在逐渐减弱，导致其发展遇到较大的困境。但是，庭院型能源生态模式在改善庭院环境和减少农业面源污染等方面有重要的作用，将庭院型能源生态模式的环境效益转化为经济效益，刺激农民的主动性是使该模式走出困境的关键，同时也需要进一步提高其自身的经济价值。

6.2　社区型能源生态模式

社区型能源生态模式是在农村社区发展和沼气等能源技术发展的基础上发展起来的，集中供气站是较为典型的代表。供气站一般在农村社区附近修建，秸秆或粪便等原料从周边农田或者养殖场收集，产生的燃气通过管道输送供给社区农户作生活用能，肥料用于周边农田。供气站的运营者可以是养殖场主，也可以是第三方的沼气站运营合作社或者公司。在技术方面，西南地区主要以畜禽粪污沼气化为主，也有部分秸秆沼气工程，但秸秆气化工程相对较少。西南地区农村沼气集中供气规模普遍偏小，如四川省从 2013 年起安排 1.2 亿元建设了 400 个新村沼气集中供气点，平均每个点供气 62.5 户。四川省 2016 年下达的集中供气项目数量为 172 个，计划供气户数为 13 906 户，平均每个项目供气约80.8 户。贵州省印江土家族苗族自治县杉树乡对马村农村沼气集中供气项目的发酵罐容积为 300 立方米，供气 41 户。玉屏侗族自治县皂角坪街道枹木垅村沼气集中供气项目的供气规模为 132 户。

根据集中供气点的经营主体不同，可以将其分为两种类型：养殖场主运营类型和第三方运营类型。

6.2.1　养殖场主运营类型

该类型主要是养殖业主在政府的补贴下修建沼气工程，用于养殖场内粪污的处置，产生的沼气供给周边农户，收取一定的费用用于工程的日常运行。沼渣和沼液外售或者就近还田。一般来说，这种类型的养殖场规模中等，一般猪存栏量在1万头以内（图6-10）。

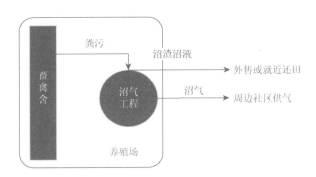

图6-10　养殖场主运营社区型能源生态模式

典型案例6：成都市新都区优胜猪业专业合作社集中供气工程

　　成都市新都区优胜猪业专业合作社位于新都区石板滩镇优胜村，常年生猪存栏量为5000～7000头。2012年投资380万元（其中中央投资171万元，地方投资19万元，企业自筹190万元）用于沼气建设。沼气发酵装置容积800立方米，近中温发酵，设保温层，利用发电余热进行加热，在冬季最冷时用2吨燃气锅炉加温。400立方米湿式储气柜1座，日产沼气600立方米，供附近村落171户农户常年用气，采用集成电路（integrated circuit，IC）卡计费的方式，供气价格1.2元/米^3，同时沼气在夜间还用于发电。沼液通过管道的设施还田。有2名工人负责沼气站和供气网点日常运行管理，工资费用来自于沼气供气等的经济收入（图6-11）。

图6-11　成都市新都区优胜猪业专业合作社集中供气工程

6.2.2　第三方运营类型

　　该种类型主要是在政府主导下以解决农村社区生活用能问题为主要目的的一种类型，一般被建在居民聚集点或者新社区附近，从周边收集原料，燃气供应给社区，沼肥用于周边农田或者外售。一般原料来源多样化，但是总体来说主要有以秸秆为主和粪便为主两种类型，以秸秆为主的类型主要从周边农田收集秸秆，典型的代表有四川新津县秸秆沼气集中供气工程和云南保山秸秆沼气工程；以粪便为主的类型主要从周边养殖场收集粪便，并辅助一些秸秆和餐厨垃圾等，典型的代表有四川省玉马村集中供气沼气工程（图 6-12）。

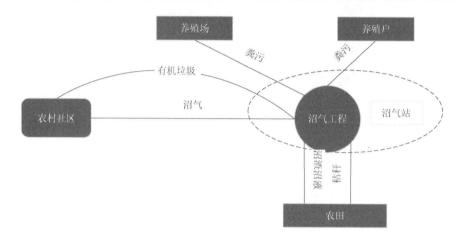

图 6-12　第三方运营的社区型能源生态模式

典型案例 7：四川新津县秸秆沼气集中供气工程

四川新津县秸秆沼气集中供气工程是 2009 年全国 16 处示范工程之一，建设地点在四川省成都市新津县袁山村，工程总投资 224 万元，其中中央投资 135 万元，地方投资 12 万元，自筹资金 77 万元。以玉米和小麦等秸秆为发酵原料，沼气发酵采用"竖向推流式厌氧消化工艺"，发酵池容为 500 立方米，设计年消耗秸秆 460 吨，年产沼气 18.25 万立方米，供 150 户农户生活用能（图 6-13），并配有秸秆堆场、调节池、300 立方米湿式储气柜、沼渣沼液储存池、脱硫罐、汽水分离器、沼气锅炉、固液分离机和农用运输车等。设计发酵浓度为 15%（TS），发酵温度为 35～38 摄氏度，停留时间为 50～60 天。设计秸秆消耗量为 1.25 吨/天，产气量为 500 米³/天，储气量为 300 米³/天。该工程利用当地秸秆生产沼气和有机肥料，实现沼气集中供气，解决新津县普兴镇袁山村丘陵地区 100 多户农民生活燃料问题，促进当地的生态农业发展。所选择的沼气生产工艺能保证工程全过程清洁生产，可达到有机废弃物循环利用和污染物零排放的目标。

典型案例 8：四川省什邡市马井镇玉马村沼气站

该沼气站位于四川省什邡市马井镇玉马村，该村位于马井镇北面成青公路什邡至马井段 3 千米处，村域内地势平坦，自然条件较优越。全村总人口 1100 人，建 6 个村民小组。人均耕地面积为 800 多平方米，主产水稻、小麦、油菜和蔬菜，村集体经济较好，年人均纯收入 8000 余元。玉马村是什邡市新农村集中居住点，共 217 户居民。2010 年建成后，户用沼气是其首选能源利用方式，大部分农户修建了户用沼气池，但是随着生活方式的改变，养猪数量逐渐减少，户用沼气的原料成为问题（图 6-14）。

图 6-13 四川新津秸秆沼气工程

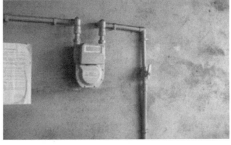

图 6-14　四川省什邡市玉马村沼气站的沼气生产端、用户端和管理端

玉马村集中供气站于 2012 年 4 月开工建设，总投资 115 万元，省财政补助 50 万元，地方财政及业主自筹 65 万元。工程占地 1300 平方米，沼气发酵池 4 组共 400 立方米，储存装置 200 立方米，年产沼气量为 4 万立方米，设计供气 150 户，年处理生活垃圾 200 余吨，年处理养殖场畜禽粪便 1000 余吨。

该集中供气站于 2012 年 8 月开始供气，沼气站的所有权归政府，由四川屹峰沼气技术研发有限责任公司进行公司化管理，在玉马新村设置服务点，主要负责沼气站管理与维护、用户管理、技术研发等。第一批供气 60 户，按照 2 元/米^{3}的标准收费。每户农民每月用气在 25 立方米左右，每月用气费约 50 元，一年约为 600 元。

集中供气让玉马村沼气合作社的经营发生了变化。集中供气后，从原料采购、供气到售卖沼液和沼渣，合作社从生产沼气的"一条龙服务"中都能获得经济收入，实现农业废弃物处理、燃气供应和沼肥生产的联产。合作社与周边的一些养殖场签订了粪污处理合同，将养殖企业排出的粪污拉到供气站做原料，分别每月收取处理费；按对 150 户农户供气，每户每月用 25 立方米气计算，年收入为 9 万元；按年产沼肥 4000 吨，每吨卖 50 元计算，年收入可达 20 万元。除去运营管理费，全部开始供气后，该站年收益在 15 万元左右。该站产生的沼渣和沼液的去处为什邡绿丰米业有限公司。该公司承包了 1000 亩土地种植每千克可卖 30 元的有机水稻。在供气站建成以前，该公司主要使用有机肥料，加上施肥的人工成本，施肥成本为每亩 560 元。供气站建成后，该公司从供气站购买沼液作为有机肥料，加上人工成本，每亩施肥成本降到了 200 元。并且使用沼液作为肥料，水稻颗粒要饱满得多，病虫害也减少了，亩产增加了（图 6-15）。

该案例的特点是沼气集中供气站采用市场化运作模式，有偿处理养殖场粪污和有机垃圾，所产生的沼气供农户使用，沼渣和沼液有偿供应种植户和种植企业。沼气集中供气站帮助养殖场处理粪污，为村民提供燃气，以及为种植大户提供有机肥料，形成了一条循环经济的产业链。

该模式的关键在于以下三方面：一是政府主导修建基础设施；二是养殖户需要解决废弃物的去处问题，他们愿意花钱请人解决；三是有种植户需要沼渣和沼液作为有机肥料。这三个条件任何一环出现问题都将会对该模式产生影响。由于该模式的运行受到的影响因素较多，从目前来看其不是稳定的运行模式，需要进一步的完善。首先，养殖业受市场影响较大，尤其是小规模的养殖场极易受市场的影响，可能会造成原料供应不足。其次，养

图 6-15　四川省什邡市玉马村沼气站位置与玉马新村风貌

殖的粪便本身是一种资源，如果养殖场找到不用出钱，甚至可以卖钱的出路，很容易就会抛弃沼气站。最后，沼液产生的持续性与农作物施肥的季节性之间的矛盾也无法解决。但是该模式是在新农村建设背景下，农户从散居到集中，散户养殖到集中养殖，土地向大户流转的趋势下的一种新的探索。政府应该加大主导作用，在基础设施和政策方面加大支持力度。

典型案例 9：贵州省玉屏县枪木垅村沼气集中供气站

　　该站位于玉屏县皂角坪街道枪木垅村，沼气站附近有 11 栋 500 头标准化猪舍，存栏育肥猪 5500 头（图 6-16）。沼气站分两期建设，一期项目总投资 148 万元，站内建有 2个 140 立方米沼气发酵罐，1 个 80 立方米储气柜，1 个 100 立方米沼液暂存池，日产沼气量约 200 立方米，向皂角坪街道枪木垅村的长田、易家、茶山及枪木垅四个村民组 132 户农户集中供气。二期投资 515.25 万元，建有 500 立方米中温发酵罐（CSTR 工艺）和500 立方米常温发酵罐（USR 工艺）各一个，湿式气柜 500 立方米，沼渣和沼液暂存池1500 立方米，沼气用于桥边、河边、屯坡及邓溪 4 个村民组 260 户农户炊事燃气和移民新区 10 户农户冬季示范供暖。两期工程均采用多向纤维缠绕玻璃钢新型材料制作，智能电加热维持中温发酵罐温度，确保其在冬季低温下能正常运行使用。用户端每户安装有智能 IC 卡流量表及灶具等。该工程建设成本约 1.65 万元/户，运行成本约 7 万元/年，收入约 18.5 万元/年，供气净收益约 11.5 万元/年。

图 6-16　贵州省玉屏县枹木垅村集中供气站

典型案例 10：四川省德阳市旌阳区黄许镇广平村集中供气站

　　该供气站位于四川省德阳市旌阳区黄许镇广平村。该村地处深丘，有耕地面积 3208 亩，其中，水田面积 1761 亩，旱地 1447 亩，全村辖 15 个村民小组，有村民 829 户，2397 人，全村以种植业和养殖业为主。供气站位于公路边，交通便利，原料来源于周边养殖场粪便，目前建有 100 立方米地上式中温厌氧反应器和 30 立方米湿式储气柜，每天供应 72 户农户用气。产生的沼渣沼液主要用于周边农田，包括蔬菜、枇杷、水稻、油菜等（图 6-17）。

　　供气站采用新型的玻璃钢材料建设，具有良好的保温效果，可以解决冬季保温问题，以实现冬季稳定供气。由于该供气站采用的技术与模式使供气稳定，深受用户青睐，多数用户的厨房装修参照城市管道燃气的装修模式，干净整洁，展现出良好的新农村风貌。

沼气站建设规模较小，周边农田较多，完全可以对其产生的沼渣沼液进行消纳，目前旌阳区正大力推广该集中供气模式。

图 6-17 四川省德阳市旌阳区黄许镇广平村集中供气站

6.2.3 效益分析

社区型能源生态模式是在庭院型能源生态模式的基础上发展起来的，其目的在于解决农户用能的问题，以及解决户用沼气原料短缺的问题。但是由于沼气缺乏价格优势等，社区型能源生态模式一般是在政府的资助下建设的，兼顾粪污、秸秆、有机垃圾的处置和社区生活用能，兼顾经济效益和环境效益，但是目前而言，其产生的经济效益较低，难以维持该模式的运转。

6.2.3.1 经济效益

社区型能源生态模式主要是靠经济效益维持的，经济效益的高低影响该模式的稳定性，产生的经济效益越高，模式越稳定，尤其是第三方运营的类型。影响沼气站运行经济效益的主要因素包括前期投资、原料费用、产出收益和运行管理成本控制等。

在前期投资方面，目前主要依靠的是政府补贴，补贴比例一般在50%以上，甚至更高。目前由于供气规模小和其他能源价格低等，难以吸引社会资本对集中供气进行投资。

对于养殖场运营类型而言，原料直接来源于养殖场，其是免费的。对于第三方运营的类型而言，大部分以养殖场免费提供为主，甚至有些养殖场会向沼气站支付一定的粪污处置费，但是原料的收集与运输费用仍占较大的比例。秸秆沼气工程原料问题尤其突出。有研究分析秸秆沼气集中供气工程中原料成本占到55%以上，成为工程能否运行的第一条件。河北青县耿家庄大型秸秆沼气工程秸秆收购价格是每吨300元（风干秸秆），这几乎是其他秸秆沼气工程能够承受的一个标志性价格，过高则工程无法运行。笔者通过调研发现四川新津的秸秆沼气工程已经因为原料涨价而使秸秆沼气工程停运。

沼气站的第一经济收益来源是沼气。沼气产量和价格都影响沼气站的经济收益。但是由于沼气的价格主要参照天然气的价格制定，一般在2.0元/米^{3}以内，有的甚至是免费供给。按照沼气项目调研报告和初步设计，所有项目都预期较好的产出收益，如果是中温或者近中温发酵，那么装置产气率都应该在0.8米^3/(米^3·天)以上，但实际上能够达到0.4米^3/(米^3·天)以上就已经不错了。以猪粪为原料的沼气工程均为近中温沼气发酵，发酵温度从10多摄氏度到30多摄氏度，波动较大，产气情况受温度波动的影响，其变化也非常明显。此外，牲畜存栏量受市场影响波动非常大，粪污量也就随之起伏，进而影响产气的稳定性。不稳定的产气情况和较低的产气率直接影响沼气站的收益，非常不利于集中供气的商业化运作。中小规模沼气供气站很难做到保障用户管道燃气稳定供给。

直接经济收益中还可能有沼渣和沼液收益或者处置费用，沼渣一般以外售为主，价格在50元/吨以上，但是沼液的处置一般以免费供给为主，甚至需要支付一定的费用运走或进行达标处理。这会使社区型能源生态模式的经济效益降低。

从运行管理成本控制来看，如果按照全成本核算，多数沼气集中供气站规模太小，且管理不规范，很难计算其实际运行成本和效益。从整体来讲，村庄或社区规模的沼气集中供气站在经营上非常粗放，难以进行运行成本控制。运行情况比较好的沼气站基本上都得到了当地村集体经济的财务补贴（胡启春等，2015）。

以四川省什邡市玉马村沼气站为例（图6-18），该站是由政府出资建设的，运营方从原料来源（粪污清理费）和产品的出售（沼肥、沼气）中都会获得一定的经济收入，运营成本一年约为28万元，包括运行过程中产生的运输费、电费、人员费、维修费、办公用品支出和租金等。但是在其收入方面满负荷运转的收入一年约为36万元，也就是说，每年盈利仅约为8万元，并且收入中主要以沼渣、沼液和粪污垃圾处理费为主，沼气销售的收入仅占25%，占比最大的是沼渣和沼液的销售，占到总收入的42%。也就是说，该站的盈利主要来自于收取的粪污和垃圾处理费，如果养殖场的粪便有其他的处理途径，如堆肥生产有机肥，或者养殖场效益不佳粪污量减少或者停止支付费用，那么该站的收入仅能保证基本的运营，难以盈利。

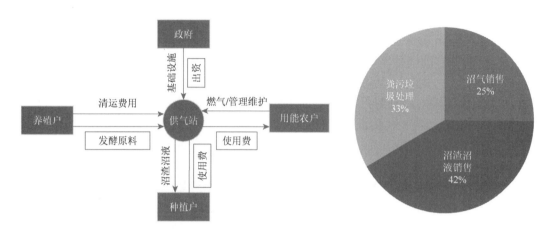

图6-18　四川省什邡市玉马村集中供气站运行模式与收入构成

而对于秸秆沼气工程而言，由于种植业的集约化程度远低于养殖业，种植户的规模一般较小，不会向沼气站提供处理费，有的甚至会索取一定的费用，这导致沼气站的原料收集成本增加，使其难以维持运营。

对于养殖场经营类型而言，虽然基础设施大部分是由政府出资补贴的，发酵原料也是免费的，并且利于养殖场粪污的处置，但是由于其经营管理水平较低和供气户数较少等，盈利运营的沼气站也较少。

6.2.3.2　环境效益

社区型能源生态模式的环境效益主要表现在两个方面：一个是农业废弃物的无害化处置与资源化利用；另一个是可再生能源的利用，节能减排。

畜禽粪污、秸秆和农村生活垃圾的处置是农村地区环境治理的难题，沼气技术将其在密闭的系统里发酵产生可以利用的沼气，可以减少粪污和垃圾等对农村水环境、大气环境和土壤环境的破坏，也可以减少人畜疾病和植物病害的传播。另外，沼肥的使用也可以改善土壤质量，提高作物的抗病性，从而减少化肥和农药的使用量，提高作物品质。

在用户端，对沼气这种可再生能源的选择可以减少其对煤炭、石油液化气和天然气等传统化石能源的使用，利于节能减排。

6.2.4　存在的问题

　　社区型能源生态模式虽然在政府的主导下取得了巨大的成就，但是仍存在很多的问题。

　　对于沼气的用户端而言，农户积极性并不高。沼气与其他能源相比在价格上虽然要低一些，但是竞争力仍不明显，尤其是在西南地区天然气等能源较为便宜的地区。供气的稳定性也是用户端难以接受沼气的原因，受原料、气候和管理方面的影响，一些供气站断气或气压较低的情况时有发生，这都会影响社区农户选择沼气的积极性。

　　对沼气站运行方而言，收益低是最大的限制因素。由于用户积极性不高，供气规模难以扩大，运行成本的压力导致一些沼气站停止营业。管理效率较低是沼气站运营普遍存在的问题，尤其是养殖场运营型。

　　在原料收集端，成本高是目前存在的主要问题，秸秆的收集成本除了收集人工劳动力成本外，一些地区还需要向秸秆所有人支付一定的费用。西南地区地形以山地和丘陵为主，秸秆收集成本比平原地区要高，这导致以秸秆为主的能源项目发展缓慢，有些已经建成的项目也难以维持运营。

　　解决途径上，在原料收集端需要进一步控制成本，如借鉴物流管理的经验，将粪污收集与沼液外运结合起来，通过增加收入来降低成本。在沼气生产端需要从技术上进一步提高沼气的生产效率，以及提高沼肥的利用价值；在管理上则需要专业的技术管理团队进行管理运营，目前专业的第三方合作社或公司化管理是发展趋势。而在用户端则需要进一步扩大规模，增加收益以降低运行维护成本。

　　从目前运行较好的社区型能源生态模式来看，将其环境效益转变成经济效益仍是主要的出路。农业废弃物的处理利用是社区型能源生态模式的主要环境效益，政府应该加大监管力度，严禁乱丢乱排，同时借鉴城市垃圾的处置经验，向废弃物产生方收取处置费用，用于降低运营成本（图6-19）。

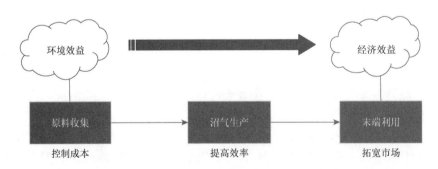

图6-19　社区型能源生态模式存在问题的解决方案

　　综上所述，社区型能源生态模式应由第三方专业化公司进行管理运营，在政府政策的支持下将原料处理与资源化利用的环境效益转化为经济效益，维持公司的运营，同时公司自身应提高技术、管理和服务水平，为社区的用户端提供稳定、清洁、高效的能源，优质的服务，进一步拓宽市场，降低运行成本。

6.3 农场、园区型能源生态模式

农场、园区型能源生态模式主要是以养殖场或种植园区沼气工程为中心建立的能源生态类型，以种养结合为主。以处理粪污为目的的养殖场沼气工程发展较快，但是由于末端利用率不高，养殖场存在很多问题，其中沼液处置的问题尤为突出。笔者近年来对西南地区大量的养殖场进行了调研，总结出了三种类型：养殖为主的类型、种植为主的类型和产业园区种养结合型。

6.3.1 养殖为主的类型

该类型主要是在养殖业主的主导下修建沼气工程将养殖与种植结合的类型，在修建过程中一般都会获得一定的政府补贴，沼气工程修建的目的主要是应对环保压力，对粪污进行综合处置。为了节约成本和获得一定的经济效益，大多数养殖场的粪污在进入沼气罐之前要进行固液分离，固体粪渣直接外售，液体部分（TS 1%~2%）进入沼气池发酵，产生的沼气用于养殖场炊事或畜禽舍增温等。沼液部分一般用于场内种植区或场外种植区的用肥，或免费通过管道供给周边农户。沼液的转运主要通过高位储存池或高压塔提升后的管道运输（图 6-20）。

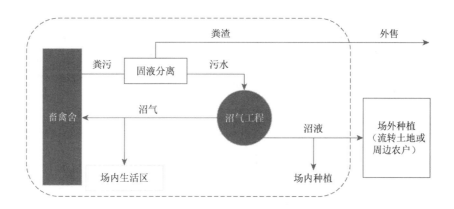

图 6-20　养殖为主的农场型能源生态模式

典型案例 10：四川省邛崃市微牧农庄

该农庄位于邛崃市牟礼镇小塘村，以地方黑猪养殖为主，占地约 1800 亩（核心示范区约 400 亩），分为四个区：①雅南猪保种功能区；②高标准农田有机种植示范区；③有机果蔬花卉牧草种植示范区；④有机农业培训展示体验区。在雅南猪保种功能区内建有 1000 立方米的沼气池和 2 万立方米的沼液储存池。该农庄年出栏猪 1.6 万头，粪污经排污总管排出后，进入储粪池暂存。通过固液分离后，固态部分制成生物有机肥供有机种植使用；液体部分进入沼气池进行发酵处理，沼气经脱硫处理后储存利用，作为猪场、园区及周边农户的部分热源；沼液部分进入沼液储存池，经高位储粪塔及配套系统，通过沼液输送管网系统进入田间沼液储存池暂存或直接灌溉还田。沼液输送主管网及支管网已铺设至基地全部核心示范区，可实现园区所有粮食、水果、蔬菜和牧草等的喷灌及滴灌；沼液输送主管网已铺设至周边高效粮经高产示范区，可满足 1800 亩有机种植之需。

　　该农庄的能源生态建设的特点表现在以下几方面：一是特色养殖，养殖地方黑猪，经济价值较高，受市场影响相对较小，即原料来源较为稳定；二是旅游观光，该农庄地理位置较好，交通方便，设有有机蔬菜种植等观光农业区，可以吸引一部分游客并直接向其销售有机肉品和有机菜品，增加收入；三是政府给予一定的项目支持，降低建设和运行成本（图 6-21）。

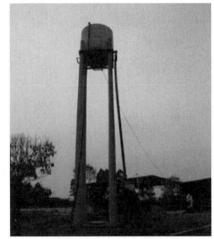

图 6-21　四川省邛崃市微牧农庄

典型案例 11：红河邦格牧业有限公司所属的种猪繁育基地

红河邦格牧业有限公司所属的种猪繁育基地，位于云南省建水县南庄镇羊街村木头寨。以农场的形式进行经营，占地 150 余亩，其中 70 亩为果园、农田和菜地，80 亩用于猪舍等基础设施的构建，土地使用方式为租赁。该猪场存栏 1 万头。其建有 800 立方米沼气池和 150 立方米储气柜，沼气用于养殖场用能和发电，沼渣以 80 元/吨卖出，沼液除自留供农场杜果园和菜地等利用外，还可免费供给周边的葡萄园（图 6-22）。

图 6-22　红河邦格牧业有限公司所属的种猪繁育基地猪舍、沼气工程和杜果园

该案例的特点是养殖场自己留有土地进行沼液消纳，并且养殖场周边有大量的葡萄园，也可以消纳养殖产生的沼液。

典型案例 12：四川普洲奶牛养殖场

四川普洲奶牛养殖场位于四川省安岳县通贤镇金刚村，2014 年 12 月正式投产，占地 150 亩。目前有 1000 头澳大利亚纯种荷斯坦奶牛，经固液分离后的污水进入 400 立方米沼气发酵池，干粪渣外运，以 60～70 元/吨的价格出售给柠檬种植户。公司在山丘处修建了 2 个 1.5 万立方米的沼液储存池，流转 1100 亩土地用于青储玉米的种植，收获的青储玉米用于牛场饲料。多余的沼液运往 20～30 千米的柠檬种植园，沼液运费为 10 元/吨。青储玉米的产量约为 2.5 吨/亩，价格为 530 元/吨，即每亩的毛收入为 1300 多元，土地的租金为 700 元/亩，基本可以维持运行。该公司主业为奶牛养殖，种植青储玉米也是为了奶牛养殖，但是青储玉米的种植每年只有一季，为了解决沼液消纳的问题，公司除了修建大型的沼液储存池以外，还在不种植玉米的季节将土地免费提供给蔬菜种植户进行蔬菜种植（图 6-23）。

图 6-23　四川普洲奶牛养殖场农场型能源生态模式

该案例的特点是养殖场养殖高品质奶牛，产值较高，并且自己流转土地用于奶牛饲料的种植，以降低饲养成本和消纳沼液，并且在饲料种植的间歇期以免费的形式向菜农提供土地种植蔬菜，消纳沼液，良好地实现了种养结合和生态循环。

养殖场进行能源生态建设的主要目的是利用沼气技术和种养结合进行养殖废弃物无害化处理，养殖场周边有足够消纳沼液的土地是上述以养殖为主的养殖场型能源生态模式成功运行的关键。如果消纳土地不够，养殖业主则需要进行一定的经济投入将沼液转运到别处进行消纳，如果转运成本较高，养殖业主选择的另一条途径就是达标处理。《畜禽养殖业污染治理工程技术规范》（HJ 497—2009）对该种模式进行了规定，如图 6-24 所示，废水进入厌氧反应器之前应先进行固液（干湿）分离，然后对固体粪渣和废水分别进行处理。固体粪渣连同干清粪所获得的粪便及后端产生的沼渣一起进行堆肥处理，而固液分离后的废水则需要进入厌氧反应池进行发酵，产生的沼气经过净化后进行能源化利用，剩余的沼液需要进入好氧单元进行进一步的脱氮、除磷。由于沼液经过厌氧处理后的碳氮比失调,可生化性差,传统的好氧处理脱氮效果不好。一些养殖场采用的加碱等方法成本较高,笔者所在的研究团队长期对沼液的达标处理进行研究,所发明的在沼液好氧处理池中加原水的方法取得了很好的效果,被纳入《畜禽养殖业污染治理工程技术规范》(HJ 497—2009),并且在此基础上发明的浓稀分流工艺能够进一步降低成本,提高效率,已经被纳入农业部(现农业农村部)主推的技术并进行推广应用(邓良伟等,2017)。

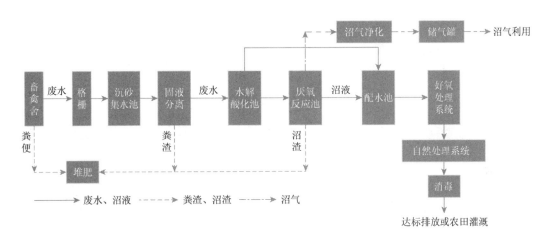

图 6-24　养殖场粪污达标处理模式流程图

我国现行的养殖场排放标准是《畜禽养殖业污染物排放标准》(GB 18596—2001),但是由于该标准规定的污染物排放浓度仍较高,很多地区环保部门制定了更为严格的地方标准,一些地区则以《农田灌溉水质标准》(GB 5084—2005)进行控制。甚至有些地区已经开始使用更为严格的《城镇污水处理厂污染物排放标准》(GB 18918—2002)中的一级 A 标准。

沼液中含有较高浓度的 COD、氮和磷等污染物,无论执行哪种标准,都需要大量能量的投入,成本较高。通过膜分离技术等进行沼液的处理与利用的处理工艺是较为理想的发展方向。

典型案例 13:四川省达州市宣汉县富昌牧业有限公司方斗养猪场粪污处理工程

宣汉县富昌牧业有限公司方斗养猪场位于宣汉县双河镇方斗村农业科技示范园,距离宣汉县城 15 千米,总占地面积 70 余亩,有养殖圈舍 11 000 平方米,常年存栏生猪 5000 余头。建有固液分离机、沼气发酵罐、好氧处理池和氧化塘等处理设施(图 6-25),以满足《畜禽养殖业污染物排放标准》(GB 18596—2001)的要求。

典型案例 14:贵州省玉屏亚鱼沙子坳生猪扶贫养殖小区粪污处置项目

贵州省玉屏亚鱼沙子坳生猪扶贫养殖小区粪污处置项目位于玉屏县亚鱼乡,该养殖小区存栏育肥猪 3000 头,粪污产量为 20 吨/天。经固液分离后,固体部分外运,废水进入沼气发酵罐，目前有 600 立方米沼气发酵罐 1 个，150 立方米储气柜 1 个，气浮机 2 台，各级生化处理池共 400 立方米（图 6-26），出水满足《农田灌溉水质标准》（GB 5084—2005），进行就近用于农田灌溉。

图 6-25　四川省达州市宣汉县富昌牧业有限公司方斗养猪场粪污处理工程

图 6-26　贵州省玉屏亚鱼沙子坳生猪扶贫养殖小区粪污处置项目

6.3.2   种植为主的类型

该种类型主要是指农场主以种植为主，养殖为辅，多以高值经济作物的种植为主，养殖的目的主要是提供有机肥料和增加经济收入。

典型案例 15：云南省玉溪市红塔葡萄立体生态种养模式

红塔区位于滇中腹地，交通便利，距昆明市仅有 88 千米，气候良好，适合于烤烟、油菜和葡萄等经济作物的种植，养殖业是该区的支柱产业之一。

红塔立体种养模式的主要特点是将养殖和沼气池放入葡萄园中，葡萄种植通过调减密度的方式，间种牧草和粮食作物，在宽行里种粮、窄行里种草，葡萄园里建沼气池，沼气池上面建厩舍，厩舍里面养牛羊，池塘边养鸭、葡萄下面养鹅，形成"葡萄生态立体种养模式"。养殖产生的粪便等废弃物进入沼气池进行发酵，沼液和沼渣用于葡萄园的肥料，沼气用于养殖和农民的生活用能，葡萄园产出的优质有机葡萄外运出售，增加农民收入，牧草用于养殖所需的饲料。截至 2015 年，全区葡萄生态立体种养模式已达 6000 亩左右，占全区葡萄种植面积的 36% 左右（红塔区新闻网，2015-04-07）。通过使用沼气液肥、种牧草和秸秆还田，大大减少了化肥施用量，使产品品质更有保障。

神农葡萄园位于红塔区玉带路街道冯井社区，占地 100 多亩，有 70 多头肉牛、800 多只灰天鹅，并有一口池塘养鱼，有一个地埋式沼气池，沼液通过管道对葡萄园进行浇灌。

该案例的特点是小规模的养殖位于种植园中，养殖的规模根据种植对肥料的需求而定，通过沼气技术将种植与养殖结合起来，并通过套种的方式实现立体养殖，增加收入（图 6-27 和图 6-28）。

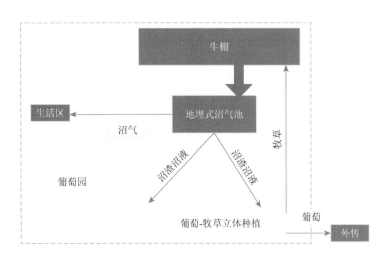

图 6-27   云南省玉溪市神农葡萄园立体种养模式

图 6-28　云南省玉溪市神农葡萄园内的沼气池、葡萄种植、肉牛和天鹅养殖

典型案例 16：四川省绵阳市梓潼县泉源家庭农场

梓潼县泉源家庭农场位于四川省梓潼县三泉乡天星村二组，以高品质猕猴桃种植为主，有 1740 亩优质猕猴桃种植园，园内有 3 栋"550"标准化生猪代养场，2 栋"1100"代养场，配套集中供气沼气工程，为农场周边农户供气，沼渣制作有机肥，沼液通过提升泵输入山上的储存池，然后通过滴灌系统为猕猴桃施肥（图 6-29）。

该案例的特点是养殖场位于种植园中，以种定养，沼渣和沼液用于种植肥料，产生的沼气用于养殖场用能和周边农户用能，养殖为代养模式，相对稳定，可以与种植良好地结合，种植高价值的红心猕猴桃，农场主经济收益高，对这种农场型能源生态模式积极性高，管理维护较好。但是一般这种农场距离居民区较远，沼气的利用难度较大。

该模式适合于已经有一定规模的高值经济作物种植农场，种植业主对种植技术较为熟悉，而养殖代养模式可以依托大型养殖企业提供养殖技术，做到种养结合，循环利用，提高收入，降低成本。

6.3.3　产业园区种养结合型

该类型是指在一定规模的农业园区内有种植也有养殖，实现种养结合，沼气技术是种植与养殖之间的纽带，既有利于养殖部分的污染控制，又有利于养殖粪污的肥料化利用，产生的沼气可以为园区的生活区供能。产业园区有公司主导型，也有政府主导型。

图 6-29　四川省绵阳市梓潼县泉源家庭农场

典型案例 17：四川省西充茂源有机农业科技产业园

西充茂源有机农业科技产业园位于西充县中岭乡上坊寺、明昌宫村和义兴镇盐水桠、黑柏山村，由西充茂源生态农业发展有限公司投资近 2 亿元修建，园区面积约 3000 亩。园区内主要产业包括万头生态藏黑香猪养殖场，鸡、鸭、鹅放养场，鱼塘，连栋大棚，柑橘、桃李和葡萄果园等。主要采取山上养殖、山下种植的模式，养殖场建沼气工程，沼液储存于山上的储存罐，山下规划种植园区，以有机种植为主，沼液通过管道进入种植大棚，适当稀释，实现水肥一体化（图 6-30）。

图 6-30　四川省西充茂源有机农业科技产业园的种植大棚和棚内的水肥设施

　　该案例的特点是园区由企业主导修建，园区内种植业和养殖业都属于一家企业，企业主可以根据产业规划合理地确定养殖业和种植业的规模，通过沼气工程的纽带作用，合理地将种植业与养殖业结合，在一定的区域内达到种养平衡。充分利用地势，采用山上养殖、山下种植的模式，方便调度沼液的利用。

典型案例 18：四川省绵阳市梓潼县许州镇循环农业产业园

　　四川省绵阳市梓潼县许州镇是川北最大的蜜柚生产基地，种植规模达 36 000 多亩，天宝蜜柚荣获"全国百佳农产品"和"无公害农产品"称号，被评为"国家地理标志保护产品"，全镇有蜜柚种植户 4300 多户。主要采取蜜柚产业与生猪产业相结合的方式，提出了"规模化养殖场的新建须紧密围绕种植业基地周边"的绿色种养结合新模式，这就在养殖场选址规划上确保了沼肥的消纳场地，减少了沼肥异地流转的成本，突出了"以种定沼、以沼定畜"的种养循环科学模式（图 6-31）。

　　许州镇循环农业产业园位于许州镇宝村，规划面积 20.09 平方千米，经过多年的发展，形成了"一心两园三环"集蜜柚种植、生猪养殖为一体的现代循环农业产业格局。采用

图 6-31 四川省绵阳市梓潼县许州镇循环农业产业园

"1+5"产业扶贫新模式在园区内建有正大"1100"扶贫生猪代养场 3 栋,常年存栏规模 3300 头,每年向柚子园提供优质有机肥 5000 吨。核心示范区实现沼液灌溉网全覆盖,沼肥通过提灌进入沉淀池,经沉淀、储存和稀释后使用,不仅增加了土壤有机质,提升了蜜柚品质,还使蜜柚施肥成本从每公顷 1.2 万元降低到 0.75 万元以下,示范园核心区的 266.67 公顷蜜柚每年可节约肥料费用 120 万元。施用沼液后蜜柚糖度达 11.2 度,高于对比 1.0 度,有效解决了品质减酸增糖的问题。

该案例的特点是将地方特色种植业与养殖业相结合,在政府的主导下建设产业园区,并投资建设管道等基础设施,以当地种植户为基础,吸引代养模式的养殖户入驻,通过沼气技术将种植业与养殖业结合起来,合理利用空间与资源,减少养殖与种植的成本,增加农民收入。

6.3.4 效益与存在的问题分析

农场型能源生态模式以解决养殖产生的粪污为目的,沼气技术相对于其他技术而言可以将粪污集中在密闭的罐体中进行处理，在环境污染控制的同时可以产生可再生能源，从而产生一定的经济效益。养殖场沼气设施的运行一般会增加若干工作岗位，有一定的社会效益。

由于养殖场一般距离居民区较远，沼气运输成本较高，大多数的养殖场会在粪污进入沼气罐之前进行固液分离，固体粪渣部分外售，液体部分进入沼气池发酵，产生的沼气主要供于养殖场保温和生活区用能，多余的可以发电，但也有乱排放的现象。此外，由于固液分离后的粪水发酵产生的沼液量仍很大，且养殖场周边的土地消纳能力有限，外运成本较高，沼液的处理利用成为农场型能源生态模式的主要难题。

沼液含有植物所需的营养元素和一些对植物有益的活性物质，是一种良好的肥料，可以提高作物的产量和品质等。但是由于养殖集约化程度越来越高，一些大型养殖场周边的土地无法对持续产生的沼液进行消纳，出现大量乱排现象，对周边环境造成了巨大的影响。目前虽然沼液可以进行处理后达标排放，但是由于其污染物含量较高，处理成本较高，一些小规模的养殖场难以承受。沼液作为肥料进行资源化利用仍是目前的主要途径，所以对于农场型能源生态模式而言，沼液的利用对其稳定运行起着关键作用。

沼液的利用需要解决三个方面的矛盾（图6-32）：第一个矛盾是沼液产生的持续性与作物施肥的间断性之间的矛盾，这一矛盾本质上也是养殖业与种植业之间的矛盾。畜禽养殖每天都会消耗饲料产生粪污，而作物的种植是季节性的，不同时段对肥料的需求不同。西南地区大部分属于亚热带，冬季虽然不像温带出现大量的冬闲田，但是一些冬季种植的作物对肥料的需求相对要少。目前解决这一矛盾的方法主要是修建大型的储存池进行储存，如欧洲很多国家都要求沼气工程配套足够大的储存池以满足冬季产生沼液的储存需求。储存池的修建需要一定的资金并占用一定的土地，如果养殖场难以满足这两方面的需求，只有将沼液运走或者采用其他的办法。

图6-32　沼液利用存在的矛盾与解决途径

第二个矛盾是沼液的产生量与土地消纳能力之间的矛盾，这一矛盾产生的一个重要原因是种植业与养殖业的集约化程度不匹配，目前我国的养殖业集约化、规模化水平已经较高，但是种植业经营仍是以农户为主。一方面大规模的养殖场会在一个区域内产生大量的粪污，超过周边土地的消纳能力；另一方面是周边的土地不归养殖业主所有，沼液难以有效地利用。目前这一矛盾的解决途径主要是控制养殖规模和采取合理的种养结合模式，从笔者调研的情况来看，目前一些大型企业采取的代养模式可以缓解这一矛盾，将养殖分散，委托给有一定消纳能力的种植户，以种植定养殖。

上述问题的另一条解决办法就是将沼液运走，这也正产生了第三个矛盾，即沼液的价值与运输成本之间的矛盾。沼液中含有一定的氮、磷与钾等营养元素和对植物有益的活性物质，但是相对于商品肥料而言，其有效成分还是相对较低的，运输成本较高。解决这一问题的措施除了政府加大对养殖企业的监管力度，将沼液处置的环境效益转化为经济效益外，还需要寻找经济有效的利用模式。

综上所述，由于养殖业与种植业集约化程度不匹配等原因，目前农场型能源生态模式主要以养殖业为主导，沼液的处置是主要问题。养殖业主主要是通过流转一部分土地的方法对其进行消纳，但是在大多数情况下难以满足养殖场粪污的消纳需求，因而一些养殖场转向粪污的达标处理。以种植定养殖，以养殖定沼气的方式是该模式的发展方向，种养结合产业园区和以种植户为主的代养模式是目前较为成功的方式。

6.4　产品、服务型能源生态模式

产品、服务型能源生态模式是一种区域大循环能源生态模式。主要是指将沼气发酵的产物（沼气、沼渣和沼液）开发或转化为产品或者服务，拓宽利用空间，实现大区域的生态循环。这一模式主要是针对一些特大型养殖企业和无法就近利用的养殖场，沼气技术在养殖和种植中仍起到纽带作用，由大型企业本身或者第三方专业运营机构进行服务或产品开发，解决养殖业的粪污处置问题。在环保压力越来越大的大背景下，让"专业人做专业事"是我国畜禽粪污处理与资源化利用的发展方向。如目前的"整县推进畜禽粪污资源化利用"，政府也是主推第三方运营模式。独立于养殖和种植的专业粪污处置的第三方机构可以向养殖场提供粪污处置服务，收取一定的服务费，然后将粪污转化为"三沼"产品进行出售，取得一定的经济效益，以维持其运行。由于"三沼"产品尤其是沼肥产品的市场份额仍较低，目前这一模式主要是通过向养殖业和种植业提供服务为主。由于目前大多数养殖场都是自建沼气工程，所以这一模式的重点在于沼液的转运和施肥服务，主要有车辆运输和管道运输两种类型。

6.4.1　车辆运输类型

沼液经过专业的第三方粪污转运合作社转运给种植户，采用异地消纳的模式实现畜禽粪污的资源化利用，解决规模化养殖场养殖规模与周边种植规模不匹配的矛盾。粪污运输转运合作社收集粪污的供求信息，无偿为养殖场清污，有偿为种植户施肥。政府对运输转运合作社的车辆改装和种植户使用沼肥进行补贴，并进行监管。

养殖场畜禽粪污被收集后经过固液分离或者直接进入沼气发酵罐,产生的沼气用于养殖场自用或者供周边农户用能,产生的沼液储存于养殖场内的沼液储存池。粪污运输合作社由县级农村能源主管部门引导成立并给予一定的补贴和技术指导,合作社成员均为当地农民,运输工具为经过专业改造的粪污运输罐车。粪污运输合作社通过微信群等工具收集沼液的供需信息,从养殖场免费获取沼液等粪污,向种植户收取一定的费用以维持合作社的正常运转。该模式通过运输合作社搭建养殖场与周边小规模种植农户之间的联系,扩大粪污的利用距离,既解决了大型规模化养殖场养殖规模与周边种植规模不匹配的矛盾,又有利于缓解小规模养殖场环保投资压力。

典型案例 19：四川省邛崃市的粪污转运合作社

四川省邛崃市地处四川盆地成都平原西南边缘。全市辖 24 个乡镇,总人口 65.7 万人,其中农业人口 40.8 万人。粮食播种面积 66.25 万亩。除了粮油作物和蔬菜生产外,该市也是成都地区主要的茶叶和水果生产基地。2014 年年末生猪存栏 82.8 万头,出栏 152.0 万头。截至 2015 年已经建设户用沼气池 2.48 万个,大中型沼气工程 219 座。从 2014 年开始,以政府补贴和市场运作的方式引导陆续成立 16 家沼液转运合作社。近几年经过市场整合后只剩 9 家,车辆在 100 辆左右,年转运粪污 30 万~50 万吨。

抽粪车运输一趟的价格为 150~170 元,合作社从每辆抽粪车抽取 10 元管理费,其余的费用再扣除的成本包括:油费 30 元/趟、施肥职业人 20 元/趟、合作社提成 10 元/趟,若驾驶员为雇佣的还需根据距离远近向其支付 30~50 元/趟,因此除去人工费及抽粪车的油费、维修费和折旧费,车主最后的收益大约为 30 元/趟。施用粪肥的旺季为每年 10 月至次年 5 月,每天每车可达到 5~7 趟;施肥淡季为每年 7~9 月,每天每车 1~2 趟。因此,合作社每年收入约 10 万,其中包括每年支出会计费用、对公账户费用、购买抽粪带子和抽粪泵等设备及缴纳税款等。此外,由于环境具有公共品的性质,政府应当在环境治理中扮演一定的角色,因此政府对其给予了部分补贴,主要分为邛崃市农林局(现邛崃市农业农村局)补贴和乡镇补贴。邛崃市农林局会对合作社购买抽粪罐给予补贴:2015 年每个抽粪罐补贴 1 万,2016 年容量为 4 立方米以上的抽粪罐均补贴 2 万。乡镇政府为了使养殖业面源污染治理达到更好的激励效果,则通过每年与合作社签订协议进行变相补贴:牟礼镇与福华禽畜粪便收集合作社(简称福华合作社)以一年 5 万元的价格签订协议,福华合作社须负责转运整个牟礼镇区域范围内的养殖废弃物;固驿镇、前进镇与绿环畜禽粪便收集服务专业合作社(简称绿环合作社)以每年每村 1 万元的价格签订协议,绿环合作社须负责转运两个镇 19 个村的养殖废弃物。另外,为了增加种植户使用粪肥的需求量,邛崃市农林局自 2016 年开始引入政府和社会资本合作(public-private partnership,PPP)模式治理农业面源污染,对粪肥使用量达 400 立方米以上的种植户给予 8 元/米^{3}的补贴,即这些种植户仅需向合作社支付 22 元/米^{3}来购买粪肥。该 PPP 模式在一定程度上增加了使用粪肥的种植户数量和使用量,缓解了在粪肥市场上供过于求的困境(图 6-33 和图 6-34)。

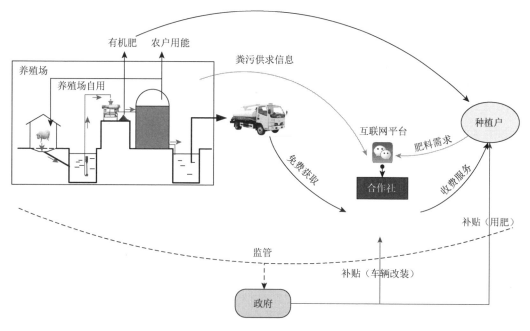

图 6-33 四川邛崃市车辆运输类型

图 6-34 四川省邛崃市沼液运输合作社的运输车与田间施肥

　　该案例的特点是通过政策的调控使粪污转运合作社有利润可得，提高其积极性。主要做法是政府方制定政策及提供补助，养殖方提供粪污（每吨收费 10～25 元），种植方出资购买粪污作为肥料。形成一个政府、运输合作社、养殖户和种植户之间的四方合作体，将以沼液为主的粪污作为肥料进行异地资源化利用。在这一体系中出资方主要是政府和种植户，也有养殖户向合作社提供粪污处置费的情况。

　　该类型的模式主要适合于平原地区，山区会使运输成本增加，如图 6-34 所示邛崃市粪污转运合作社的活动范围主要以平坝区为主。

6.4.2　管道运输类型

　　管道运输类型主要是指由政府主导，在一定的区域内修建沼液输送管网，通过管网将养殖场和种植区连接起来，实现种养结合。由第三方的管理维护机构进行管网的维护，服务于养殖场和种植户。输送压力是管网输送的关键，这一类型适合于山区与平坝结合的地区，可以利用地势加压。

典型案例 20：洪雅县以现代牧业养殖场为中心的沼液管网

　　洪雅县地处四川盆地西南边缘，位于成都、乐山和雅安三角地带，距成都 147 千米。全县最高海拔 3090 米，最低海拔 417.5 米。面积 1896.49 平方千米，总人口 35.08 万。洪雅县是养殖大县，拥有四川最大的奶牛养殖基地和奶源基地。2013 年全县出栏肉牛 4.6 万头、出栏山羊 21 万只，奶牛存栏 4.5 万头，长毛兔存栏 67.19 万只，出栏生猪 42.15 万头，肉兔出栏 170.71 万只，家禽出栏 940.27 万只。畜牧业收入 16.72 亿元，畜牧业产值占农业产值的比例达 64%。

　　现代牧场是洪雅县最大的养殖场，目前存栏奶牛 7000 头，建有 2000 立方米沼气池 8 座，总容积 16 000 立方米，年处理牛粪污 12.8 万吨，年产沼气 401.5 万立方米，年发电 680 万度。但是沼液的处置一直是个难题，以前采用向沼液运输车主支付一定费用运出的办法，但是当地政府发现存在运输车辆为了节省成本从养殖场运出后将沼液乱排乱倒的现象，这样做没有达到资源化利用的目的。后来开始铺设沼液输送管网，采取管道输送的方式，将沼液直接输送到田间地头，免费供农民使用（图 6-35 和图 6-36）。

　　洪雅县的沼液运输管网建设以现代牧场为中心，利用地势的优势，在地势较高的地方修建调配站，利用泵和地势的压力差将养殖场的沼液串联起来并输送到用户端，打通了沼液利用的"最后一千米"，用户只需将自备的软管与沼液快速接头连接即可使用，方便快捷（图 6-35）。目前全县管网 600 多千米，覆盖面积 50 000 多亩，管网和储存池总投资 7000 万元，政府投资约 5000 万元。沼液管网覆盖东岳、中保和槽渔滩 3 个乡镇约 4 万亩的耕地，资源化利用沼液 25 万吨/年，完全解决了该片区粪污问题（图 6-36）。片区养殖企业节约成本 500 万元/年（以前现代牧业运 1 吨沼液 15 元，现在只需给合作社 8 元），种植业节约化肥约 600 吨/年折纯，节约成本 300 万元/年，产量增加和品质提升使其增收约 1700 万元/年。沼液输送管网的维护由洪雅瑞志种植专业合作社负责，运行维护费由养殖业主承担（8元/吨），对一些小型养殖场政府给予一定的补贴（3元/吨）。沼液输送电费场外部分由合作社负责，场内部分由养殖场支付。

图6-35 洪雅县以现代牧业养殖场为中心的中保片区沼液输送管网

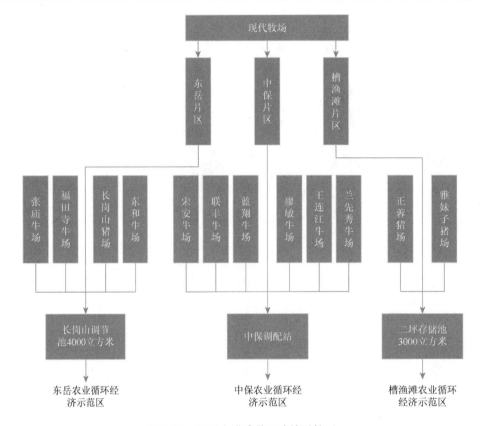

图 6-36　四川省洪雅县沼液输送管网

　　作为沼液的主要使用方，洪雅瑞志种植专业合作社流转土地 3800 亩（流转费 1000 元/亩），种植黑麦草、高丹草和青储玉米。黑麦草一年三季，10 月播种，12 月割购一次，2 月收割一次，4 月左右收割一次，亩产 8～10 吨，270 元/吨；高丹草 8 月和 9 月播种，10 月收割，亩产 4 吨，280 元/吨；青储玉米 4 月播种，7 月和 8 月收割，亩产 4 吨，500 元/吨。流转土地每亩纯收益 600 元（其中每亩节约化肥 200 多元）。只有玉米提苗时施加尿素 15 千克/亩，其余不施化肥，年施沼液 50～60 吨/亩。粮食作物和果树年施沼液 2～3 吨/亩，蔬菜一季施沼液 10～20 吨。基本上可以对该区域内的沼液进行消纳。

　　该案例的主要特点是"有偿清污，无偿供肥"，主要是针对能源生态建设中沼液的处置问题，以及车辆运输存在的问题，以政府为主导修建管网，以大型养殖企业为中心，串联区域内的养殖企业，打通用户利用的"最后一千米"。在管网的维护上分工明确，养殖业主负责场内部分，种植户负责直接利用端，主要是软管的购买，第三方的合作社负责公共区域部分，产生的费用主要由养殖业主和政府补贴支付。

6.4.3　沼液产品化类型

　　畜禽粪污沼气发酵的产物包括沼气、沼渣和沼液，其延伸产品有燃气、电能和肥料，目前利用沼气生产生物天然气和沼气发电技术已经较为成熟，也有一些工程应用。从调研情况来看，西南地区虽然相对于东部地区落后，但是也有一些规模的应用。对于沼肥产品而言，由于其本身价值不高或者未被深入发掘，目前西南地区仍主要是以直接还田为主。而在东部地区的一些企业已经有沼液肥的产品在销售。如图 6-37 所示，主要有两种运营类型，第一种是先由大型的养殖企业修建基础设施，然后成立一个子公司负责运行，如山东民和生物科技股份有限公司；第二种是第三方的公司为养殖场提供粪污处置服务，生产的产品获得经济效益，如江苏苏港和顺生物科技有限公司和江西正合环保工程有限公司等。

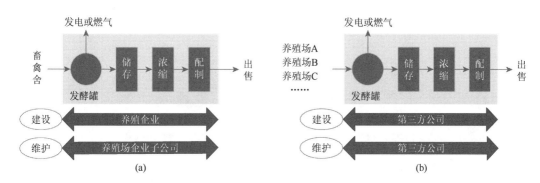

图 6-37　产品型能源生态模式的两种运营类型

6.4.4　效益与存在的问题

产品、服务型能源生态模式的环境效益、经济效益和社会效益明显。在环境效益方面，该模式的主要目的是解决畜禽养殖粪污的污染问题，粪污通过沼气化处理-运输-肥料化利用可以有效地缓解大气污染和水污染。在经济效益方面，产生的沼气作为能源可以产生一定的经济效益，沼液的利用可以减少化肥的使用，也可以产生一定的经济效益。在社会效益方面，可以在沼气发酵单元、运输和维护单元等产生就业岗位。

与其他几种模式相比，产品、服务型能源生态模式涉及的区域大、养殖场和种植户多，建设与维护难度大。从调研情况来看，可以将区域大循环能源生态模式分解成三个区域、四个主体来进行分析（图 6-38）。三个区域是指养殖场区、公共区域和农田，四个主体包括政府、养殖场主、种植户和第三方服务机构。养殖场区的建设和维护主要由养殖场主负责，农田部分由种植户负责，而公共区域则主要由政府出资修建基础设施，第三方服务机构负责维护运营，运营费的来源则有所不同，在两种类型中政府一般都会给予适当的补贴（约 30%）。邛崃的车辆模式第三方主要向种植户，也就是肥料利用方收取费用，而洪雅的管道运输类型则要向养殖场主收取处理费用，以维持运行。目前这两种方式都在正常运行，也就是说，在一定的区域范围内（目前最大为县域），通过能源生态模式效益之间的转化可以实现稳定运行，实现效益最大化。但是目前政府在其中仍起到极为重要的作用，而该模式走向市场化则需要进一步挖掘效益之间的转化效率，使第三方的收益和服务效率进一步提高。

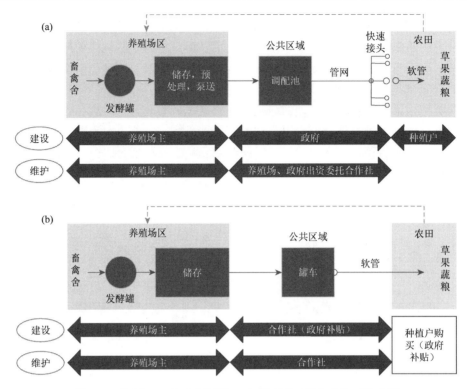

图 6-38　管网（a）与车辆运输（b）类型的建设与维护对比分析

6.5　其他能源生态模式

　　除了以沼气为中心的能源生态模式外,秸秆汽化和固化成型燃料等也对秸秆的利用和农村能源问题的解决有重要的作用,在我国北方的某些地区发展良好。但是对于西南地区而言,由于其地势以山地和丘陵为主,原料收集成本较高,大型的汽化或固化成型企业难以维持运行,发展相对缓慢。以能源植物种植为中心的能源农业虽然不能直接为农村提供生活用能,也是农民以土地为资源种植能源作物获得的。在边际土地上种植能源植物不仅可以增加农民的经济收入,也有利于当地的水土保持,有助于环境改善。此外,能源植物也可以与沼气技术结合,产生更大的效益。

6.5.1　能源作物

　　西南地区有丰富的植物资源,也有丰富的边际土地,适合于能源植物的种植。但是西南地区经济相对落后且人口密度大而耕地少,无法像德国那样直接种植青储玉米进行沼气发酵生产沼气。目前西南地区的能源植物种植主要以在边际土地上种植环境效益高和附加值高的物种为主,如麻风树等。但是种植范围较小,发展较为缓慢。

　　麻风树是联合国粮食及农业组织公布的可再生能源和生态减贫的首选树种,种子含油率高（35%～50%）、流动性好,适合于作为生物柴油原料,并且在其他方面具有经济效益和一定的生态效益。我国的麻风树资源主要分布在西南的云南、四川、贵州及广西等地。麻风树耐干旱瘠薄，是金沙江等干热河谷地区造林绿化的优良树种。种植麻风树不仅有利于河谷的生态保护，也有利于农民增收。但是由于山谷地带种植和种子收集成本较高，生物柴油的市场也没有预期的理想，目前西南地区的麻风树资源绝大部分是 2006～2009 年麻风树造林热潮中各大能源企业在地方政府的支持下种植的（董敏等，2017）。

如图 6-39 所示，能源作物这种生态模式主要以增加农民收入为主，产生的能源为商品能源原料，农民难以直接利用。发展该模式主要是为了经济效益和环境效益，如水土保持和减排。

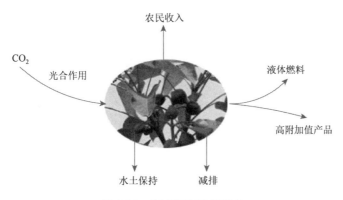

图 6-39　能源作物种植模式

6.5.2　沼气技术与能源作物结合模式

沼气与能源植物的结合有两种类型：一是种植能源作物作为发酵原料进行沼气发酵，如德国等地青储玉米的种植，产生的沼渣和沼液用作能源植物的肥料；二是利用能源植物对沼液进行消纳或处理，将沼液作为能源作物的肥料，收获的能源作物作为液体燃料的原料，或直接利用沼液养殖能源微藻（图 6-40）。

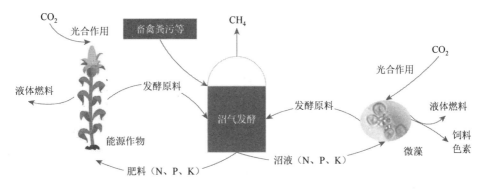

图 6-40　沼气技术与能源植物的结合

　　将沼液作为能源作物的肥料既可以消纳沼液利于养殖业的发展，又有利于减少能源作物的种植成本，但是由于能源作物市场有限，目前这一设想主要处于实验室和小规模示范阶段。笔者在调研过程中发现有在养猪场周边种植木本油料作物山桐子（*Idesia polycarpa*）进行沼液消纳的情况，但是目前仍处于未挂果阶段，后续是否将其作为生物柴油原料进行利用仍需要看市场的需求。

　　很多学者认为，利用沼液养藻是沼液利用的可行途径，与传统沼液还田利用相比，由于微藻生长速度快，沼液养殖微藻需要的土地面积大为减少。如图 6-41 所示，微藻的生长过程需要二氧化碳，可以对沼气进行净化，收获的藻体可以作为沼气的发酵原料、生物柴油原料、饲料或生化产品（Xia and Murphy，2016）。

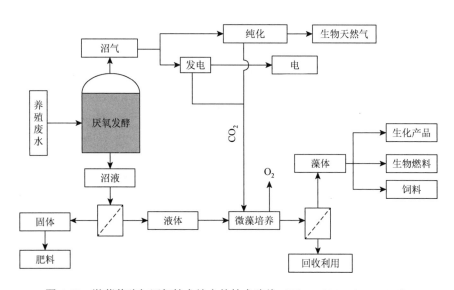

图 6-41　微藻养殖与沼气技术结合的技术路线（Xia and Murphy，2016）

　　沼液虽营养丰富，但也含有不利于藻类生长的因素，如沼液一般呈褐色，颜色较深，含有大量悬浮物，浊度较高，不利于透光。沼液的氨氮含量较高，对藻类的生长会造成毒害作用。在开放环境中，沼液很容易滋生杂菌、杂藻及其捕食者如轮虫和噬藻体等，在微藻处理沼液的过程中，微藻细胞很容易受到虫害的影响。因此，沼液预处理对于整个微藻养殖过程至关重要。沼液预处理主要是降低浊度、调整营养结构及预防虫害等。虽然西南一些地区的气候适合于微藻的养殖，但是由于沼液养殖微藻的经济价值还有待提高，微藻养殖技术大部分处于实验室和小规模示范阶段。

　　笔者在实验室针对沼液透光率差和氨氮含量高等问题展开研究，建立了相应的技术方案，包括鸟粪石-微藻养殖方案（图 6-42）和藻-菌共生方案等。鸟粪石-微藻养殖方案主要是通过向沼液中添加外源磷酸根离子和镁离子，调整 pH 在 8.5 以上，使沼液产生鸟粪石（磷酸铵镁）沉淀，降低氨氮和浊度，提高透明度，利于微藻的生长，产生的鸟粪石沉淀用作缓释肥料，而产生的藻体是生产生物柴油和饲料添加剂的良好材料。

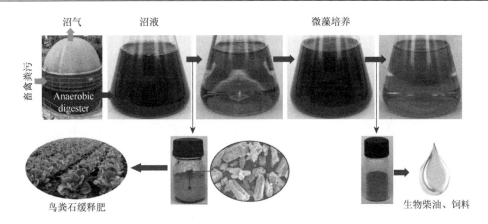

图 6-42　沼气技术与微藻养殖结合的鸟粪石预处理方案

6.6　小　　结

（1）西南地区农村能源建设模式类型丰富，包括庭院型、农场/园区型、社区型和产品/服务型四种模式 11 种类型（图 6-43）。

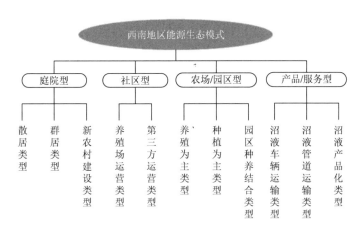

图 6-43　西南地区农村能源生态模式总结

（2）"专业人做专业事"第三方服务模式是西南地区农村能源生态建设管理服务的发展方向，专业化的粪污处理与沼气利用服务于一体的运营主体将会在其中发挥巨大的作用。

（3）沼气技术将会在西南地区的农业废弃物处理与农村能源中继续发挥作用，但是要注重前后端的建设，继续探寻经济高效的模式。

（4）沼液的经济高效处置是养殖场沼气工程急需解决的问题，主要有如下几个模式（图 6-44）：就近自用，以种定养，种养自结合；异地他用，有偿转运，种养小循环；市场商用，价值提升，种养大平衡。

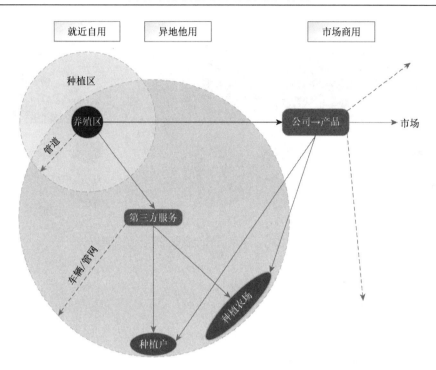

图 6-44　养殖场沼液利用模式

7 农村能源生态建设管理服务体系

我国农村能源生态建设在改善农村生态环境、优化能源结构、提高农民生活质量和增加农民收入等方面发挥了重要作用。农村能源生态的发展需要有强大的服务体系作为支撑。为促进农村能源生态有序和健康的发展，在政府部门的监管和指导下，我国已经初步建立起较为完善的管理服务体系。西南地区是我国农村能源生态建设的重要地区，其管理服务体系既在我国能源生态建设管理体系的大框架之内，又有自身的特色。

7.1 我国农村能源生态管理体系

目前，我国已经初步建立了农村能源的管理服务体系，形成了中央、省（自治区、直辖市）、市（地）、县的农村能源管理、推广和服务网络。各级农村能源管理和技术推广机构共 1.2 万多个，90% 以上的县都建立了专门的机构，从业人员近 24 万人。

7.1.1 管理机构

目前我国已经建立了从中央到地方较为完善的农村能源管理服务体系。在中央层面的行政主管部门为农业农村部科技教育司，下设有能源生态处，另有农业农村部农业生态与资源保护总站进行技术指导。在省级层面，主要以设在省农业农村厅或农业委员会的能源生态处、农村能源办公室或农村能源站等为主。在市级和县级一般有相应级别的能源生态科、生态股、能源站和能源办公室等机构。

截至 2016 年，全国农村能源管理推广机构有 12 332 个，其中，省级 41 个、地市级 333 个、县级 2601 个，乡镇级 9357 个。从管理体制来看，在省级农村能源管理推广机构中，属于行政机关的有 14 个，占 34.15%；参公单位 7 个，占 17.07%；事业单位 20 家，占 48.78%。2006～2016 年，我国农村能源服务推广机构的数量基本稳定（图 7-1）。

西南地区四省（直辖市）由于农村能源发展情况有所不同，农村能源管理机构设置也有一定的差异。2006～2016 年，重庆市及各区（县）农村能源管理部门因行政区域合并和近郊主城区不宜发展沼气等因素，区（县）级农村能源机构略有减少。随着沼气事业的发展，乡级农村能源机构逐步增加。截至 2016 年，重庆市的农村能源推广机构总数达到 648 个，其中区（县）级农村能源机构 34 个，乡级农村能源推广机构 613 个，市级 1 个。贵州省截至 2016 年全省农村能源推广机构总数达到 1006 个，其中区（县）级农村能源机

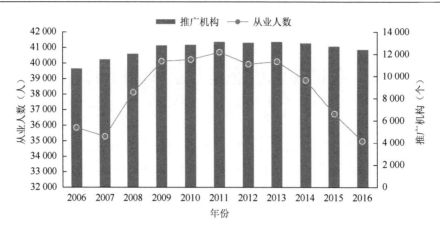

图 7-1　全国农村能源管理推广机构和从业人员情况

数据来源：《中国农业统计资料（2006～2016）》

构 97 个，乡级农村能源推广机构 907 个。云南省委和省政府高度重视农村沼气建设，在过去的 10 年云南省的农村能源稳步发展。截至 2016 年，全省农村能源推广机构总数达到 803 个，其中区（县）级农村能源机构 148 个，乡级农村能源推广机构 653 个。四川省按照"政府引导设施投入、农户购买管护服务"的原则，积极构建以县级沼气服务站为龙头、乡（镇）级沼气服务中心为纽带、村级沼气服务网点为基础的管护体系。截至 2016 年，全省农村能源推广机构总数达到 1095 个，其中区（县）级农村能源机构 188 个，乡级农村能源推广机构 906 个（图 7-2）。

7.1.2　人员队伍

截至 2016 年年底，全国各级农村能源管理推广机构人数 34 979 人。其中，省级 528 人，

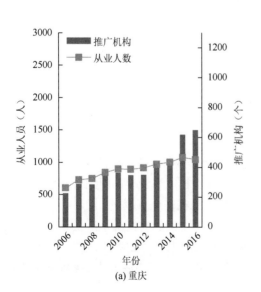

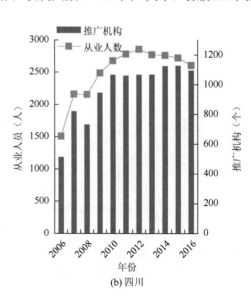

(a) 重庆　　　　　　　　　　　　　　　　(b) 四川

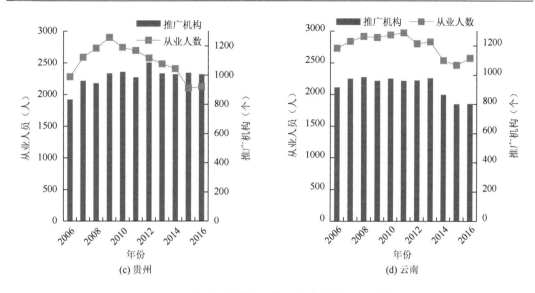

图 7-2 西南地区农村能源管理推广机构和人员情况

数据来源:《中国农业统计资料(2006~2016)》

占 1.51%;地(市)级 1931 人,占 5.54%;县(区)级 14 343 人,占 41.12%;乡(镇)级 18 177 人,占 52.11%。按文化程度分,本科及以上 10 030 人,占 28.76%;大专 14 729 人,占 42.23%;高中及以下 10 220 人,占 29.30%。

如图 7-1 所示,自 2006 年以来,全国农村能源管理机构的数量稳定在 1 万个以上,并且在 2011 年突破 1.3 万个,近年来有所减少,但是仍在 1.2 万个以上。在人员数量上,2016 年以前均维持在 3.5 万人以上,并在 2011 年超过 4 万人,但是近几年开始下降,2016 年年底已经跌破 3.5 万人。

西南四省(直辖市)的农村能源从业人员数量的历年变化,总体上与全国的变化相同,在 2011 年左右达到最高点,随后开始下降(图 7-2)。但是各省(直辖市)之间有所差异,重庆市的农村能源推广人员数量在西南四省(直辖市)中最少,近几年一直呈增加的趋势。四川省的农村能源从业人员则从 2012 年开始下降,2016 年年底有 2605 人。贵州省的农村能源从业人员则在 2009 年达到最高点 2903 人,然而在 2016 年年底农村能源从业人数则仅有 2124 人。云南省的情况与全国情况最为接近,从业人数最高点出现在 2011 年左右,随后下降,2016 年年底的农村能源从业人数为 2573 人。

7.1.3 相关法律法规与政策规划

近年来,随着经济社会发展、环境保护和能源安全形势的变化,中央和地方都相继颁布、修订了与能源和环境保护相关的法律法规与政策(表 7-1 和表 7-2),提出了一些新的管理理念、内容与要求等,使得我国农村能源生态领域的相关法律法规不断完善。在国家层面上,有《中华人民共和国节约能源法》、《中华人民共和国环境保护法》、《中华人民共和国农业法》、《中华人民共和国农业技术推广法》、《中华人民共和国可再生能源法》、《中华人民共和国循环经济促进法》和《畜禽规模养殖污染防治条例》等法律法规对沼气等农村能源技术进行鼓励和支持。这些法律法规的颁布引导了沼气产业的发展，为沼气产业的原料供应、技术开发及产品的应用提供了法律保障，同时也为国家各职能部门及地方政府制定相应的发展规划、管理条例及财税政策提供了法律依据。

表 7-1　近年来修订、颁布的与农村能源生态相关的法律法规

年份	国家法律法规名称	相关内容
2018 年修订	《中华人民共和国节约能源法》	国家鼓励、支持在农村大力发展沼气，推广生物质能、太阳能和风能等可再生能源利用技术，按照科学规划、有序开发的原则发展小型水力发电，推广节能型的农村住宅和炉灶等，鼓励利用非耕地种植能源植物，大力发展薪炭林等能源林
2018 年修订	《中华人民共和国循环经济促进法》	国家鼓励和支持农业生产者和相关企业采用先进或者适用技术，对农作物秸秆、畜禽粪便、农产品加工副产品和废农用薄膜等进行综合利用，开发利用沼气等生物质能源
2016 年修订	《退耕还林条例》	地方各级人民政府应当根据实际情况加强沼气、小水电、太阳能、风能等农村能源建设，解决退耕还林者对能源的需求
2014 年修订	《中华人民共和国环境保护法》	国务院有关部门和地方各级人民政府应当采取措施，推广清洁能源的生产和使用
2013 年	《畜禽规模养殖污染防治条例》	国家鼓励和支持采取粪肥还田、制取沼气、制造有机肥等方式，对畜禽养殖废弃物进行综合利用
2012 年修订	《中华人民共和国农业法》	各级政府应当采取措施，加强农业生态环境保护和农村能源等建设；要合理开发和利用水能、沼气、太阳能、风能等可再生能源及清洁能源，发展生态农业，保护和改善生态环境
2012 年修订	《中华人民共和国农业技术推广法》	将农村能源利用和农业环境保护技术纳入农业技术范围，支持开展试验、示范、培训和服务等推广活动，并要求从机构、人员、经费、设施设备等方面予以保障
2012 年修订	《中华人民共和国清洁生产促进法》	农业生产者应当科学地使用化肥、农药、农用薄膜和饲料添加剂，改进种植和养殖技术，实现农产品的优质、无害和农业生产废物的资源化，防止农业环境污染
2009 年修订	《中华人民共和国可再生能源法》	国家鼓励和支持农村地区的可再生能源开发利用。县级以上地方人民政府管理能源工作的部门会同有关部门，根据当地经济社会发展、生态保护和卫生综合治理需要等实际情况，制定农村地区可再生能源发展规划、因地制宜地推广应用沼气等生物质资源转化、户用太阳能、小型风能和小型水能等技术。县级以上人民政府应当对农村地区的可再生能源利用项目提供财政支持

我国的沼气等农村能源技术的应用与推广离不开国家政策的支持，政策推动了沼气工程全面启动，促进了沼气的功能转变，推动了沼气快速发展，刺激了沼气转型升级，正引导着沼气的绿色发展（李景明等，2018）。

20 世纪 50 年代，沼气作为农村能源建设中的重要组成部分，得到了党和国家领导人的充分肯定，拉开了沼气技术在全国大推广的序幕。1979 年，国务院在批转农业部等部门《关于当前农村沼气建设中几个问题的报告》时指出，沼气是一种可更新的生物能源，可分散生产，就地使用，成本低，是扩大农村能源，解决千家万户烧柴困难的问题的一项重大措施。为了促进这项事业的发展，国务院特作了几项包括成立全国沼气建设领导小组和成立农业部沼气科学研究所等重大决定，为沼气技术的大发展保驾护航。1982 年的《关于第六个五年计划的报告》决议中，将"因地制宜、多能互补、综合利用、讲求效益"作为指导农村能源的发展建设方针，开始农村能源综合建设，沼气建设得到了进一步的发展，并跳出了只为能源服务的单一功能，发挥了上联养殖业、下联种植业的纽带作用，实现了经济、社会、生态和能源的综合效益。

进入 21 世纪以后，农业部（现农业农村部）提出了在全国组织实施"生态家园富民计划"，并先后利用中央财政资金在西部地区，以村为单位开展以沼气为纽带的生态家园富民工程建设。于是在国家计划委员会（现国家发展和改革委员会）和财政部的安排下，沼气作为生态家园富民工程的重要组成内容，被纳入国债项目进行扶持，每年国家投入数十亿元专项支持资金，沼气发展走入了快车道。

2015 年农业部（现农业农村部）发布《农村沼气工程转型升级工作方案》，国家发展和改革委员会及农业部（现农业农村部）共同组织实施了沼气转型升级试点项目。每年投资 20 亿元，一是建设日产沼气 500 立方米及以上的规模化大型沼气工程（不含规模化生物天然气工程），开展给农户供气、发电上网、企业自用等多元化利用，沼渣和沼液用于还田、加工有机肥或开展其他有效利用；二是建设日产生物天然气 1 万立方米以上的试点工程，提纯后的生物天然气主要用于并入城镇天然气管网、车用燃气和罐装销售等。

2016 年 12 月，在中央财经领导小组第十四次会议上，针对畜禽粪污处理及资源化利用等 6 项民生工程，会议强调，加快推进畜禽养殖废弃物处理和资源化，关系 6 亿多农村居民的生产和生活环境，关系农村能源革命，关系能不能不断改善土壤地力、治理好农业面源污染，是一件利国利民利长远的大好事。要坚持政府支持、企业主体、市场化运作的方针，以沼气和生物天然气为主要处理方向，以就地就近用于农村能源和农用有机肥为主要使用方向，力争在"十三五"时期，基本解决大规模畜禽养殖场粪污处理和资源化问题。随即，农业部开启了畜禽粪污处理及资源化利用工作。2017 年 6 月《国务院办公厅关于加快推进畜禽养殖废弃物资源化利用的意见》（国办发〔2017〕48 号），明确了工作的指导思想、基本原则、主要目标，以及建立健全各项制度、保障措施和各部门任务分工等。随后农业部出台了一系列的具体实施方案（表 7-2），沼气进入绿色发展阶段。

总体而言，我国的农村能源建设相关的政策正从对前端基础设施建设方面的补助向后端产品利用方面的补助过渡。

表 7-2　近年来颁布的与农村能源生态相关的国家政策与规划

年份	国家性政策与规划	相关内容
2017	国家发展和改革委员会与农业部《全国畜禽粪污资源化利用整县推进项目工作方案（2018—2020 年）》	结合《全国农村沼气发展"十三五"规划》，以集中进行粪污处理、资源化利用的全量化能源利用模式，以及规模养殖场粪污处理和沼气利用并重的厌氧发酵模式为重点，支持专业化企业和规模养殖场建设厌氧消化装置总体容积 500 立方米以上大型沼气工程，兼顾清洁能源和有机肥料生产，实现"三沼"充分利用
2017	农业部《畜禽粪污资源化利用行动方案（2017—2020 年）》	以畜牧大县和规模养殖场为重点，以沼气和生物天然气为主要处理方向，以农用有机肥和农村能源为主要利用方向，健全制度体系，强化责任落实，完善扶持政策，严格执法监管，加强科技支撑，强化装备保障，全面推进畜禽养殖废弃物资源化利用，加快构建种养结合、农牧循环的可持续发展新格局，为全面建成小康社会提供有力支撑
2017 年	国务院办公厅《关于加快推进畜禽养殖废弃物资源化利用的意见》	坚持保供给与保环境并重，坚持政府支持、企业主体、市场化运作的方针，坚持源头减量、过程控制、末端利用的治理路径，以畜牧大县和规模养殖场为重点，以沼气和生物天然气为主要处理方向，以农用有机肥和农村能源为主要利用方向

年份	国家性政策与规划	相关内容
2017 年	农业部《开展果菜茶有机肥替代化肥行动方案》	集成推广堆肥还田、商品有机肥施用、沼渣沼液还田和自然生草覆盖等技术模式，推进有机肥替代化肥。在果菜茶产地及周边，建设畜禽养殖废弃物堆沤和沼渣沼液无害化处理、输送及施用等设施，配套果菜茶生产的机械施肥、水肥一体化等设施，应用设施环境调控及物联网设备，提高有机肥施用和作物生产管理机械化、智能化水平
2016 年	国务院《全国农业现代化规划（2016—2020 年）》	建设 300 个种养结合循环农业发展示范县，促进种养业绿色发展。以畜禽规模养殖场为重点，建设大型沼气工程、生物质燃气提纯利用及有机肥加工设施，发展以沼气为纽带的生态循环农业
2016 年	农业部、国家发展和改革委员会、科学技术部、财政部、国土资源部、环境保护部、水利部、国家林业局《国家农业可持续发展试验示范区建设方案》	畜牧业突出优化布局、治理粪污、规模养殖，建立种养结合和生态健康的养殖模式，推进畜禽粪污、病死动物等废弃物无害化处理资源化利用。实施种养结合、农牧结合、农渔结合，因地制宜推广"稻渔共生"、"猪沼果（茶）"和林下经济等循环农业模式
2016 年	国家发展和改革委员会《可再生能源发展"十三五"规划》	加快生物天然气示范和产业化发展。选择有机废弃物资源丰富的种植养殖大县，以县为单位建立产业体系，开展生物天然气示范县建设，推进生物天然气技术进步和工程建设现代化。建立原料收集保障和沼液沼渣有机肥利用体系，建立生物天然气输配体系，形成并入常规天然气管网、车辆加气、发电、锅炉燃料等多元化消费模式。到2020 年，生物天然气年产量达到 80 亿立方米，建设 160 个生物天然气示范县
2016 年	国家能源局《生物质能发展"十三五"规划》	到 2020 年，生物质能基本实现商业化和规模化利用。沼气发电 50 万千瓦；建设 160 个生物天然气示范县和循环农业示范县，生物天然气年利用量 80 亿立方米
2016 年	农业部、国家发展和改革委员会、水利部、国土资源部、财政部、环境保护部、国土资源部、科学技术部《国家农业可持续发展试验示范区建设方案》	积极探索有效技术路径，对于畜禽粪污而言，分类采取干湿分离或沼气转化等方式进行综合利用；对于农作物秸秆而言，采取肥料化、饲料化、燃料化、基料化和原料化等多种方式综合利用
2015 年	中共中央国务院《中共中央国务院关于加快推进生态文明建设的意见》	推进生物质发电和生物质能源等应用，发展有机农业和生态农业
2015 年	国务院办公厅《国务院办公厅关于加快转变农业发展方式的意见》	推进农业废弃物资源化利用。启动实施农业废弃物资源化利用示范工程。推广畜禽规模化养殖、沼气生产、农家肥积造一体化发展模式，支持规模化养殖场（区）开展畜禽粪污综合利用，配套建设畜禽粪污治理设施；推进农村沼气工程转型升级，开展规模化生物天然气生产试点
2015 年	农业部《2015 年农村沼气工程转型升级工作方案》	积极发展规模化大型沼气工程，开展规模化生物天然气工程（生物天然气指沼气提纯后达到天然气标准，即甲烷含量95%以上
2015 年	国家发展和改革委员会、农业部《全国农村沼气发展"十三五"规划》	新建规模化生物天然气工程 172 个、规模化大型沼气工程 3150 个，认定果（菜、茶）沼畜循环农业基地 1000 个，供气供肥协调发展新格局基本形成。到 2020 年形成新增沼气生产能力 50 亿立方米，吸引各种投资 500 亿元，累计年沼气生产能力约 200 亿立方米
2013 年	国家发展和改革委员会《分布式发电管理暂行办法》	发展分布式发电的领域包括：农村地区村庄和乡镇；目前适用于分布式发电的技术包括：以农林剩余物、畜禽养殖废弃物、有机废水和生活垃圾等为原料的气化、直燃和沼气发电及多联供技术
2012 年	国家发展和改革委员会、农业部《关于进一步加强农村沼气建设的意见》	科学规划沼气发展，拓宽沼气原料来源，提高工程建设质量，健全沼气服务体系运行机制，加快发展大中型沼气工程，加强沼气科技支撑体系建设，完善沼气发展支持政策
2011 年	农业部《农业部关于进一步加强农业和农村节能减排工作的意见》	推进农村生活节能。在农村地区推广应用太阳能、风能、微水电等可再生能源和产品，鼓励农民使用太阳热水器、太阳灶，因地制宜发展光伏发电；在适宜地区，积极发展利用风能；在微水电资源丰富的地区，大力发展微水电，大力发展农村沼气建设，大力开展农村清洁工程建设，大力开展秸秆综合利用
2011 年	国家发展和改革委员会、农业部、财政部《"十二五"农作物秸秆综合利用实施方案》	开展秸秆能源化利用示范工程。结合新农村建设，以村为单位，启动实施以秸秆沼气集中供气、秸秆固化成型燃料及高效低排放生物质炉具等为主要建设内容的秸秆清洁能源入农户工程，探索有效的项目商业运行模式

续表

年份	国家性政策与规划	相关内容
2011 年	农业部《农村沼气建设和使用考核评价办法（试行）》	制定了户用沼气、养殖小区和联户沼气、大中型沼气、沼气服务网点等建设和使用考核评价评分标准
2011 年	农业部、国家能源局、财政部《绿色能源示范县建设技术管理暂行办法》	建设沼气集中供气工程、生物质气化工程、生物质成型燃料工程、其他可再生能源开发利用工程和农村能源服务体系项目
2007 年	农业部、国家发展和改革委员会《全国农村沼气服务体系建设方案》	到 2010 年，全国农村沼气乡村服务网点达到 10 万个，并试点建设县级服务站和省级实训基地；到 2012 年，普遍健全以省级技术实训基地为依托、县级服务站为支撑、村级服务网点为基础、农民服务人员为骨干的沼气服务体系，实现农村沼气与服务体系建设的同步推进，为广大农户提供优质、规范、高效、安全的服务，沼气服务覆盖率达到 90% 以上，沼气池使用寿命达到 15 年以上，沼渣和沼液综合利用率达到 80% 以上
2007 年	国家发展和改革委员会《可再生能源中长期发展规划》	到 2020 年，建成大型畜禽养殖场沼气工程 10000 座、工业有机废水沼气工程 6000 座，年产沼气约 140 亿立方米，沼气发电量达到 300 万千瓦。力争到 2020 年清洁可再生能源占国家能源消费比例达 15%

除了在国家层面上的政策以外，地方也根据自身的特点出台了一些政策、管理办法和规划，西南四省（直辖市）近年来一些主要与农村能源相关的管理政策法规和规划见表 7-3。主要涉及管理办法和"十三五"规划等，以四川和云南较为完善。

表 7-3 西南各省（直辖市）部分农村能源生态管理政策与发展规划（蔡萍，冉毅，2017）

省（直辖市）	年份	名称
重庆	2015	《重庆市集中型沼气工程建设项目管理办法（试行）》
四川	2017	《四川省农村能源条例》
	2015 年修订	《四川省农村能源建设"十三五"规划》
	2011	《四川省养殖场大中型沼气工程建设项目管理办法》
	2010	《四川省人民政府办公厅关于推动农村沼气持续健康发展的意见》
云南	2016	《云南省"十三五"农村能源发展规划（2016～2020）》
	2011	《云南省农村能源建设管理办法》
	2010	《云南省中央预算内资金畜禽养殖场大中型沼气工程建设管理实施办法（试行）》
	2009	《云南省农村沼气乡村服务网点建设管理办法（试行）》
贵州	2013	《贵州省节约能源条例》

7.2 西南地区农村能源管理模式的现状与创新

在"生态家园富民计划"、农村沼气国债项目的推动下，我国农村沼气建设发展迅猛。但随着沼气池和沼气用户数量的增加，沼气后续服务滞后的问题日益突出，严重影响农户建池的积极性和农村生态能源建设的开展。农村能源的后端管理服务主要包括能源工程设备的维修、配件的购买、沼气池的出料及沼渣、沼液的综合利用等。随着沼气等农村能源技术的发展与推广，一些农村能源管理模式陆续出现。一般农村能源管理以沼气为中心，兼顾太阳能热水器和节能灶等。

　　林涛等（2012）曾总结出20种农村沼气服务模式，包括沼气服务能人、村级沼气服务队、沼气物业服务站、乡村物业综合服务站、农村沼气协会、沼气专业合作社、沼气物业服务公司、股份合作制经营模式、产业化经营、托管服务、社会公益模式、一站式服务和区域联动等。从总体来讲，目前依据组织管理模式的差异以沼气为中心的农村能源管理模式可以分为三种：政府垂直化管理、自发组织管理和第三方物业化管理。最初是以政府主导的农村沼气服务站和服务网点为主，有些地区的沼气用户自发成立了沼气协会或合作社进行自我管理，但是政府在其中也起着一些引导作用，随着沼气池和沼气工程数量的增加，服务需求的增加，一些第三方的物业服务公司陆续出现，进行专业化的管理与服务（图7-3）。

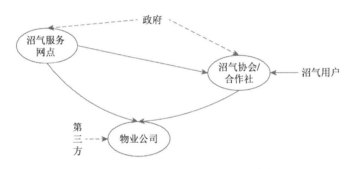

图 7-3　我国农村能源的主要管理模式

7.2.1　农村能源物业化管理的概念与特点

　　物业化管理是目前沼气后续服务管理的主要形式。沼气物业化管理是指沼气池的管理者（公司、服务站、专业合作社、协会等）采用现代经营管理手段和先进的维修养护技术，按照委托合同或协议、管理标准、规章制度等对沼气池实施多功能、全方位的管理和维护，为沼气池用户提供高效的管理和周到的服务，保证沼气池的常年正常使用，并且通过提供技能培训、科普宣传和政策咨询等全方位的服务，指导农户开展沼气综合利用和高效农业生产，使沼气池达到最大的使用价值和最高的经济效益。

　　沼气物业化管理是市场经济的产物，它既具有一般物业管理的特征，又具备沼气行业特有的属性。

　　（1）社会化。由服务企业代替农村能源行政部门，为分散的广大沼气用户管理沼气设施，沼气用户只要按时缴纳管理费和服务费就可以获得周到的服务，既方便用户，又便于统一管理。这种方式改变了传统的政府统一管理、公益性和经营性职能不分的局面，引导社会力量参与沼气建设，有利于沼气综合效益的发挥。

　　（2）专业化。由专门的物业化管理组织（企业）的专业人员对沼气系统实施专门化的管理,将自用自管的自给式变成用管分离的专业化管理,将行政型终身制管理变为经营型聘用制管理,改变了传统的政府统一管理、用户被动的局面,提高了管理水平和服务质量。

(3)市场化。专业化的管理企业或组织遵循市场经济运行规律,为沼气用户提供有偿服务,"谁受益、谁出钱"。这种管理在完全平等的原则下,通过双向选择,由农户和物业化管理组织签订合同,明确各自的权利和义务,使沼气建设有了良性的发展机制。

(4)公益化。沼气建设属于公益性事业,社会效益和环境效益显著,良好的物业化管理能够保证沼气效益的持久、充分发挥,具有公益性特点。因此,户用沼气物业管理组织必须遵循保本微利、量出为入的经营原则,不能片面追求利润。

7.2.2 沼气物业化管理服务的典型模式

1. 农村能源服务站

沼气物业服务站多由地方农村能源主管部门牵头建立,负责对辖区内沼气系统进行业务指导和监督管理,对沼气物资进行统一供应和调配,为沼气用户提供技术维修、产品销售和政策咨询等综合服务。目前,沼气物业服务站在全国各地普遍存在。

重庆永川市(现永川区)自2005年8月以来探索建立了市、乡、村三级沼气物业服务站,将后续服务工作从市级延伸到村级,得到了很好的效果。永川市沼气物业服务总站受市农业局(现为农业农村委员会)的领导;乡(镇)沼气技术服务站设在乡政府,抽调2~3名工作人员协助工作;村级沼气服务站受村民委员会领导,村民委员会主任兼任负责人,由市、乡、村三级服务站共同审核,在本村内选拔1~2名沼气管护员。从市到镇、镇到村、村到户的三级服务网络已初步形成。

四川省叙永县采取垂直网格化的方式进行管理,首先成立叙永县农村沼气安全管理工作领导组,由分管县长任组长,县监察局、县财政局、县农业局、县林业局、县安全生产监督管理局、县发展和改革局、县环境保护局、县教育局、县畜牧局、县城市管理综合行政执法局及项目乡镇为成员单位。领导小组办公室设在县政府办公室,负责实施全县安全管理网格化工程的组织协调、信息沟通、检查督促和总结农村能源反馈等工作。各项目乡镇和县级相关部门要成立相应的领导机构,负责辖区或行业内的沼气安全管理工作。各基层农业技术推广站和沼气安全监管责任人要按各自职责组织做好责任区域沼气安全知识宣传、培训和建设情况、沼气用户等基本数据调查填写及汇总上报工作,做好沼气安全管理工作的隐患排查、整治等预防工作。以乡(镇)为单元,将农村沼气用户的具体位置、户主姓名、建池时间、建池人员、使用情况、出料清池及维护服务情况、联系电话等信息,逐户录入计算机。对新建、停用、报废、日常维护和出料清池等沼气池运行状况,实现常年数据化动态管理。通过网络管理平台维护,保证系统正常运行,规范和强化农村能源建设项目管理,方便广大群众对项目资源信息的查询,方便主管部门与技术人员、项目农户之间的互动交流,便捷农户与技术维修、维护人员之间的服务,规范建设行为和进一步落实建后管理。以叙永县马岭镇为例,该镇以村为单位,共分为6个单元格,每个格内有1~3个村,沼气池500口以上。每格设置1个安全点,共配置12个相关责任点。以每一安全责任点为单位,实行农村沼气协会会员户形式管理,责任点责任人逐户填写发放会员户手册。网管员与每一个沼气会员户签订农村沼气安全责任书和管理维护服务合同，建池农户填写入会申请和签署安全操作承诺书。网管员主要负责责任区域内农村沼气建设质量安全及管理安全、物资材料安全等的监督指导；定期对责任区域内沼气用户的沼气设施设备用具等进行安全检查和维修维护保养；开展沼气管理与使用安全宣传和技术指导；负责责任区域内沼气池出料清池技术指导和安全保障；记录并定期书面报告安全监管及服务工作开展情况；积极配合县、镇开展各项农村沼气安全管理活动。

物业服务站在行政上隶属政府部门，主要协助农村能源主管部门承担基层沼气建设和后续服务工作，帮助政府从公益性服务中解脱出来，兼具经营职能和服务职能。作为行政性与专业化管理相结合的产物，服务站的优点是可以凭借和政府的关系，获得一些沼气建设业务和沼气维修工作，确保经济收益；政府还可以利用政策对沼气建设行业进行宏观调控，有利于统筹安排、统一规划。缺点是一方面对政府的依赖性较强，如果政府能长期实行经济补贴，可继续发展物业管理职能，一旦失去政府支持，则无法开展工作；另一方面，受政府行政干预多，在实践中仍存在着定位模糊、有外部干预和运行机制不顺畅等影响其发展的不利因素。

图 7-4 为四川和贵州的部分服务网点情况。

图 7-4　四川省丹棱县兴隆村沼气服务点与贵州省贵定县的沼气服务点告示牌

2. 农民沼气协会

农民沼气协会属于初级形式的农民专业合作组织，是由沼气用户和沼气技术员等自愿组织、自我服务、共同管理的民间社会团体。农民沼气协会具有以下几方面的特征：

作为民间社会团体，农民沼气协会不占用政府部门的机构编制，国家不收取任何的费用，具有公益性和非营利性的共性；是非营利性服务组织，协会经费来源主要包括会员会费、政府补贴、沼气零配件销售收入和非会员用户有偿服务维修费四个方面；协会坚持"民建、民管、民受益"的原则，实行民主管理，政府不干预沼气物业管理的具体事务，但可以引导发展或在政策、资金上给予扶持；协会会员主要为沼气用户，凡是建有沼气池的农户，在自愿的基础上都可申请成为协会的会员，只需每年交纳一定的会费，就能享受自己的权益。另外，有的协会还包括协会负责人、沼气技工、科研人员和沼气管护人员等。

目前，四川、河南、湖南、河北、山西和河南等地纷纷成立了农民沼气协会，取得了较好的效果。从各地的实践来看，沼气协会发展时间较长，相对比较成熟，组织性强，制度健全，管理民主，具有稳定性和持久性，适应面较广。这种模式的优点是协会会员主要由沼气用户组成，因此更能贴近群众，倾听他们的心声，从而自主灵活地为农户提供多种服务，开展多种经营，并且协会是农民自己的组织，便于协调，收取费用也较容易。缺点是业务量小，经费缺乏，管理相对松散。在我国沼气服务体系发展初期，需要政府加强对沼气协会的正确引导和监督管理，并在资金支持方面给予倾斜。

3. 沼气专业合作社

沼气专业合作社是指由沼气专业技术人员和沼气用户等为了对沼气系统建设实施多功能全方位的统一管理，而通过资金、劳动力、技术或生产资料入股的方式，在自愿互利、民主管理和协作服务的基础上，以约定共营的形式组建的民间自助服务性经济合作组织。主要为社员提供沼气技术、物资和信息等服务。沼气专业合作社形式作为沼气物业管理社会化、市场化的重要发展方向，目前还处于探索阶段，全国仅四川、河南的部分地区进行了尝试，并积累了一定的经验。

四川省双流县（现双流区）在政府的引导下探索建立了沼气合作社服务模式。全县首批已建立12个沼气物业管理合作社，共吸纳入社沼气用户1700多户。其中永安沼气物业管理服务合作社吸收社员1300余户，合作社每月收入达5000多元。

由于沼气合作社发展时间较短，存在运行机制不健全、运作资金不足、社员管理松散和业务工作内容单一等诸多问题，没有充分体现合作社的经济组织特征，其需要用经济效益来吸引更多的农户入社，带领社员发家致富。沼气合作社仅局限于为社员提供配件和简易维护维修，效益性较差，号召力不强，所以采用该模式并实现良好运行的地方较少。随着沼气服务体系建设的逐步深入及《中华人民共和国农民专业合作社法》的颁布施行，该模式的优越性将逐渐凸显，必将在提升沼气产业化经营水平、提高农村沼气行业的组织化程度及推广农村沼气新技术等方面发挥积极作用。

4. 乡村物业综合服务站

乡村物业综合服务模式是随着农村经济发展出现的一种新型物业管理模式，这种模式以村为单元，建立物业管理站或物业管理服务公司，招聘专人收集处理农村生活垃圾、污水和秸秆等废弃物，并负责沼气、垃圾处理、污水净化等设施的运行、维护和服务。

四川省绵竹市新市镇花园村为农业部农村清洁工程示范村,该村由村民委员会牵头建立了乡村物业管理服务站,村治保主任兼任站长。该村 430 户农民建有沼气池,由 1 名沼气技术员提供沼气维修、技术指导和零配件更换等多项服务;农户家里统一修建生活污水排放管道,5~6 户集中连片建设 1 处生活污水净化沼气池,处理后的污水经灌溉渠道作为灌溉用水排放到农田中。村里建有 1 处生活垃圾分类收集场,农户家里设有垃圾收集箱,由村民委员会招聘 1 名专业人员每隔 1~2 天收集生活垃圾,并负责运送到垃圾收集场进行分类。

乡村物业综合服务模式是随着农村经济社会快速发展出现的产物,与城镇居民小区物业管理基本相似,对农村和农民来说是一个新事物,目前处于萌芽阶段,只有个别地区探索采纳这种模式。但从长远来看,这种模式具有良好的发展前景,随着社会主义新农村建设的推进,村容村貌整洁将成为农村发展的一项重要工作。届时,以沼气为纽带的农业废弃物综合物业管理模式将占主导地位。

5. 农村能源物业管理公司

沼气物业管理公司模式是一种在政府的支持下成立的自主经营、自负盈亏,具备物业管理属性,向市场提供专业化的服务和相关产品的企业单位。独立的户用沼气物业管理公司(组织),在国内沼气建设投资的大形势下,发展迅速,商业竞争使其经营不断走向成熟。采用此种模式即选择了市场的自动调节作用,作为企业法人单位,公司对自己的商业活动承担所有责任,独立对公司的经营盈亏负责。

沼气物业管理公司与业主(多数为农户)的关系是雇佣与被雇佣的关系。业主通过招标或协议等方式选择具体的物业管理公司,可以村庄为单位,招标物业管理公司,村民委员会负责对物业公司的信誉、专业知识背景及管理、财务、法律水平和管理费用的高低等进行考评。而物业管理公司面对市场竞争的压力,不断完善其形象,不断改善管理职能,提高效率,尽量让沼气户主满意,否则就会有被淘汰或被解雇的风险。管理费用由沼气户主与物业管理公司通过商议决定,主要依据为市场供求状况、当地人均收入、沼气池的数量、服务的内容及政府的扶持力度。公司还可通过沼气利用相关产品的生产设计获取利润。

7.3　存在的问题与发展趋势分析

7.3.1　农村能源生态建设管理服务存在的问题

1. 农村能源管理体制不完善,职能存在交叉

农村能源管理的各部门间管理职能有交叉。沼气技术不仅关乎种植与养殖,也关乎能源与环保,还关乎新农村建设与扶贫,涉及的管理部门较多,各部门只是站在"各司其职"的立场管理自己的事情。在农业部门内部,沼气行业的主管部门主要从清洁能源生产和资源综合利用角度组织开展沼气建设;种植业和畜牧业主管部门则从生态种植和生态养殖的

角度，只考虑秸秆的还田和畜禽粪污的传统堆肥处理；发展计划和财务部门分别按照国家对基本建设投资和财政专项管理办法独自管理，既没有考虑沼气工程投资建设和运行管理的全过程需求，又没有考虑各地差异性需求。目前正在实施的畜禽粪污整县推进项目的主管部门为畜牧部门，沼气虽然作为其中的一部分，但是畜牧部门和农村能源部门之间的协调仍存在一些问题。

2. 农村能源缺乏针对性的法律法规，政策也未形成体系

虽然我国的多部法律法规中对沼气等农村能源技术提出了相关的要求，并对其进行鼓励和支持。但是目前仍缺乏针对性的法规，相关政策变化也较大，未形成体系。此外，全国各地区农村可再生能源管理主要依据国家层面的相关法律法规，缺乏地方性针对性的法规，管理依据较为单薄。

3. 农村能源管理人员流失问题日益严重

一方面我国的农村能源管理机构主要到县一级，全国各地区大部分乡镇没有农村可再生能源管理机构，管理队伍薄弱。另一方面在沼气发展较好的地区已经基本上建立了服务队伍，但是由于经济收入较低，一些技术人员可能在条件允许的情况下选择外出务工等其他行业，沼气等农村能源服务队伍难以稳定。

4. 农村能源管理服务人员的综合管理水平有待提高，服务范围有待拓展

目前的农村能源管理人员的工作主要以与沼气相关的后续管理为主，随着农村经济社会的发展，尤其是在目前乡村振兴战略的大背景下，厕所革命、畜禽粪污沼气化利用等行动催生了大量的沼气以外的与农村环境相关的服务内容，现有的农村能源服务人员应该拓宽服务范围，这样既可以更好地服务农村事务，又可以增加自身的收入。

5. 能源产品及副产物利用相关补贴政策不完善

沼气等生物质发电入网问题、生物天然气的出路仍然困扰着一些沼气工程所有者，导致其积极性不高，沼气工程闲置率较高。需要出台具体的有针对性的政策对其进行规范与鼓励。

6. 沼液处理利用的标准不统一

沼渣和沼液的利用是农村能源管理服务的重要内容，沼液具有废水和肥料双重属性，在不同部门对其管理的渠道不同，从而产生了不同的应用标准，造成了业主的困惑。农业部门认为沼液是肥料，在保证土地承载力的条件下可以直接还田利用，但是环境保护部门认为针对还田问题的国家标准只有《农田灌溉水质标准》（GB 5048—2005），沼液如果要达到这个标准则需要进行一定的处理，既增加成本又导致了营养成分损失。

7.3.2　农村能源管理的发展对策

1. 完善市场机制，拓宽投资范围

资金投入是推进农村能源生态建设与管理的重要保障。从国内外农村可再生能源发展的先进经验与趋势来看，实现农村能源生态的市场化运作是大势所趋。应在政府财政投入的带动下，积极探索农村能源生态市场化经营道路，充分发挥市场对资源配置的决定性作用，吸引各类投资主体，拓宽融资渠道，建立多元化投入机制，加强资金保障。主要包括加强政府投入的撬动和引导作用，探索通过投资补助和资金注入等方式支持农村能源生态PPP项目，鼓励和吸引各类投资主体参与农村能源生态建设；采取补助或补贴等手段，调动广大农民群众的积极性和主动性，共同推进农村能源生态发展；利用政府购买服务的新机制，吸引社会资本和培育终端市场。

2. 健全长效管理机制，拓宽服务范围

管理体制是推进农村能源生态建设与管理工作的组织保障。通过多种方式，加强区（县）级、乡镇级管理机构建设，补充管理人员，完善市—区（县）—乡（镇）层级的农村可再生能源管理机构体系，理顺管理机构。明确管理机构的职能或职责，建立长效管理机制，实现农村可再生能源发展的常态化管理。

沼气产业后续服务人员一般具有一定的能源利用、机械设备维修、环保等方面的基本技能，在保障其服务范围内农村能源正常运行的情况下，可以在有关部门的协调下，兼顾农村生活污水、厕所等设施、设备的管理与维护。

3. 强化立法，健全法规政策体系

法律法规是推进农村能源生态建设与管理的根本依据。依据国家法律法规，结合本地实际，制定有针对性的法律条例，将多年来积累的大量经验与相关政策、措施进行法律化、制度化，对农村可再生能源的开发与利用、生产与经营、监督管理等方面进行规定。同时，制定相配套的实施细则，以指导、规范、推进与保障该工作顺利发展。

制定出台与沼渣和沼液利用相关的国家标准，从国家层面对其利用进行规范，协调统一各部门对其处理利用的标准。

4. 打破原有行业管理的条块分割，实现产前、产中和产后全过程融合

由于沼气产业链较长，涉及种植、养殖、能源与环保等多个环节和领域，从目前现有体制职能和体系队伍状况来看，除沼气行业主管部门外，其他部门还没有能力为整个产业发展的需求提供全程指导与管理。因此，应明确赋予沼气行业主管部门的责、权、利，强化其管理职能和责任义务，负责沼气规划编制、标准制定、宣传培训、安全监管和技术指导等，发挥沼气在种养结合、清洁生产和循环发展中的作用。

7.4　小　　结

（1）我国虽然已经建立了较为稳定的以沼气为主的管理服务队伍，但是其已经出现减少的趋势。

（2）目前虽然已经有相关法律法规支持和鼓励农村能源生态建设，但是仍缺乏针对性的法律法规。

（3）以沼气技术为主的农村能源生态建设受国家政策影响较大，需要系统性、长效性的政策保障其发展。

（4）农村能源后期服务管理关乎沼气产业的兴旺，物业化、专业化的管理是发展趋势。

8 农村能源生态建设补偿机制与发展前景分析

我国的能源生态建设虽然在中央和地方各级政府的支持下取得了很大的发展,但是目前在产品利用和后续管理服务等方面仍存在一些问题。沼气等农村能源技术的建设主要依靠中央和各级地方政府资金及社会资金的支持,建成后的经营主体主要是养殖业主或农户,经济效益并不明显限制了其运行和产业化市场化发展。以沼气技术为主的农村能源生态建设有很大的环境效益,其构建的能源生态系统有一定的生态系统服务功能,可以通过生态补偿的方式进行效益转化,刺激所有者的积极性,向市场化发展(图 8-1)。西南地区的补偿虽然是在国家政策的大框架下进行的,但是也有自己的特色,甚至是一些政策的先行者。

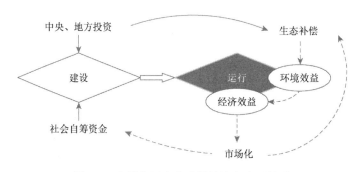

图 8-1 农村能源生态建设的资金来源关系

8.1 我国能源生态建设的政策

8.1.1 我国农村能源生态建设相关扶持政策

我国的农村能源生态建设受国家政策影响较大,主要是在国家的鼓励和支持下发展的。从 2000 年开始陆续出台了一些政策,具体如下。

2000 年农业部开始实施"生态家园富民计划",所谓"生态家园"建设就是可再生能源技术的综合配套利用,达到家居温暖清洁化,庭院经济高效化,农业生产无害化,形成农户基本生活、生产单元内部的生态良性循环,取得改善生态环境,增加农民收入,促进贫困农民脱贫致富的综合效益。中央财政资金开始对西部地区以村为单位、以沼气为纽带的农村能源生态建设进行投入。

2002 年国家计划委员会和财政部将沼气作为生态家园富民工程的重要组成内容,纳入国债项目进行扶持。

从 2005 年开始,农业补贴政策环境保护功能逐步突出。连续多年的中央一号文件反复强调要强化农业直接补贴政策,其中涉及许多农村能源和生态环境保护方面的补贴政策。

2005年《国务院关于做好建设节约型社会近期重点工作的通知》,提出开展秸秆综合利用,推行农资节约。推广机械化秸秆还田技术以及秸秆汽化、固化成型、发电、养畜技术。研究提出农户秸秆综合利用补偿政策,开展秸秆汽化和粪便还田的农田保育示范工程。

2006年中央一号文件。制定相应的财税激励政策,推广机械化秸秆还田技术以及秸秆气化、固化成型、发电、养畜技术。在适宜地区积极推广沼气、秸秆气化、小水电、太阳能和风力发电等清洁能源技术。大幅度增加农村沼气建设投资规模,支持养殖场建设大中型沼气工程。

2007年中央一号文件。发展现代农业成为农村工作的重点,同时强调在农业清洁生产方面要继续增加对农村沼气建设的投入,继续支持有条件的地方开展养殖场大中型沼气建设,并加快实施乡村清洁工程等。

2008年中央一号文件。增加农村沼气投入,积极发展户用沼气,组织实施大中型沼气工程,加强沼气服务体系建设。支持有条件的农牧区发展太阳能、风能。有序推进村庄治理,继续实施乡村清洁工程。

2009年中央一号文件。增加农村沼气工程建设投资,扩大秸秆固化气化试点示范。

2010年中央一号文件。加快推进农村户用沼气、大中型沼气和集中供气工程建设,加强沼气技术创新、维护管理和配套服务。支持农村开发利用新能源,推进农林废弃物资源化、清洁化利用。

2012年中央一号文件。把农村环境整治作为环保工作的重点。加强农村沼气工程和小水电替代燃料生态保护工程建设,加快农业面源污染的治理和农村污水、垃圾的处理,改善农村人居环境。

2013年中央一号文件。要加强农村生态建设、环境保护和综合整治,努力建设美丽乡村。加强农作物秸秆综合利用。搞好农村垃圾、污水处理和土壤环境治理,实施乡村清洁工程。

2014年中央一号文件。促进生态友好型农业发展。大力推进机械化深松整地和秸秆还田等综合利用,加快实施土壤有机质提升补贴项目,支持开展病虫害绿色防控和病死畜禽无害化处理。加大农业面源污染防治力度,支持高效肥和低残留农药使用、规模养殖场畜禽粪便资源化利用、新型农业经营主体使用有机肥、推广高标准农膜和残膜回收等试点。

2014年6月,财政部、农业部印发《中央财政农业资源及生态保护补助资金管理办法》。指出农业资源保护资金是中央财政公共预算安排的专项补助资金,用于支持耕地保护与质量提升、草原生态保护与治理、渔业资源保护与利用、畜禽粪污综合处理,以及国家政策确定的其他方向。

2015年9月,《生态文明体制改革总体方案》指出,建立农村环境治理体制机制,建立以绿色生态为导向的农业补贴制度,加快和完善相关技术标准和规范。采取财政和村集体补贴、住户付费和社会资本参与的投入运营机制,加强农村污水和垃圾处理等环保设施建设;采取政府购买服务等多种扶持措施,培育发展各种形式的农业面源污染治理、农村污水垃圾处理市场主体;财政支农资金的使用要统筹考虑增强农业综合生产能力和防治农村污染。培育环境治理和生态保护市场主体,通过政府购买服务等方式,加大环境污染第三方治理的支持力度。建立绿色金融体系，推广绿色信贷，支持设立各类绿色发展基金，完善对节能低碳、生态环保项目的各类担保机制。建立生态环境损害责任终身追究制度。

2017 年 1 月，国家发展和改革委员会、农业部印发了《全国农村沼气发展"十三五"规划》的通知，指出建立多元化投入机制，完善农村沼气优惠政策。

2017 年，国务院办公厅印发的《关于加快推进畜禽养殖废弃物资源化利用的意见》要求：落实沼气和生物天然气增值税即征即退政策，支持生物天然气和沼气工程开展碳交易项目。

8.1.2　我国农村能源生态建设各级政府资金投入

从 20 世纪 90 年代开始，国家开始实施农业新能源建设政策，对农村能源生态进行资金补贴和技术扶助。其中涉及农村能源生态的主要是农业清洁生产技术运用的补贴政策，包括农村小型公益设施建设补贴项目和农村沼气建设项目。

1999 年农业部制定了《农村沼气建设国债项目管理办法（试行）》，规定了对农村沼气建设项目进行补贴。自 2004 年开始实施，以沼气池建设与改厕、改圈、改厨同步进行为项目基本单元，补助对象为沼气项目区建池农户。2005 年中央和地方共投入 18.3 亿元，新增沼气用户约 26 万户。2006 年中央投入 25 亿元，地方投入 15.6 亿元，新增沼气用户约 450 万户。到 2009 年，中央和省级对农村能源的投入分别高达 84 亿元和 27 亿元（图 8-2），随后开始下降，2016 年各级政府在农村能源领域的总拨款为 53.19 亿元。

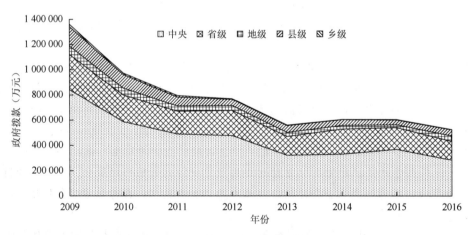

图 8-2　我国各级政府对农村能源建设的拨款历年变化

数据来源：《中国农业统计资料（2009～2016）》

沼气作为生态家园富民工程的重要组成内容被纳入国债项目进行扶持，2000～2016 年，国家共投入 420 多亿元支持沼气行业的发展（图 8-3），支持范围包括户用沼气、各种类型的沼气工程和村级沼气服务网点建设。在此期间，户用沼气平均几乎以每年 200 万户的速度增长，沼气工程的规模也从无到有、从小到大快速发展，村级沼气服务网点已超过10万处，服务范围可以覆盖70%以上的沼气用户。从图8-3可以看出2008～2011年是投资最大的四年，此后逐步下降，目前在每年20亿元左右。

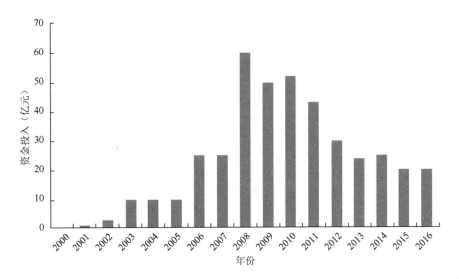

图 8-3　国债项目对沼气发展资金投入历年变化（李景明等，2018）

此外，财政部、国家发展和改革委员会与农业部等相关部委先后下发了《农村沼气项目建设资金管理办法》、《农村沼气服务体系建设方案（试行）》和《养殖小区和联户沼气工程试点项目建设方案》等方案，出台了一系列沼气项目补贴、财政支持和税收优惠等政策。

为加快推进秸秆能源化利用，培育秸秆能源产品应用市场，2008年财政部下发了《秸秆能源化利用补助资金管理暂行办法》，中央财政安排补助资金支持秸秆能源化利用，采取综合性补助方式，支持从事秸秆成型燃料、秸秆汽化和秸秆干馏等的企业。2012年，财政部共安排补贴资金21 343万元，折合应补助秸秆量152.45万吨。为了拓展农村沼气原料来源，加快秸秆沼气技术推广，促进秸秆能源化利用，2008年农业部下发了《关于做好秸秆沼气集中供气工程试点项目建设的通知》，支持在全国12个省（自治区、直辖市）开展秸秆沼气集中供气工程试点项目建设。

1. 重庆市

图8-4是重庆市2009～2016年各级财政拨款的变化情况。政府拨款以中央拨款为主，除了2010年和2011年两个年度重庆市对农村沼气建设项目落实了较高额度的配套，中央拨款的比例降至70%左右以外，其他年份中央拨款的比例均在90%左右。从2012年开始，重庆市各级政府在农村能源建设方面的拨款稳中有降。2009～2016年的8年中重庆市各级政府累计拨款约20亿元，其中，重庆市财政投入2.2亿元，区（县）财政投入1.5亿元。同期，重庆市农村能源建设得到16.2亿元的中央投入资金，占总投入资金的81%。

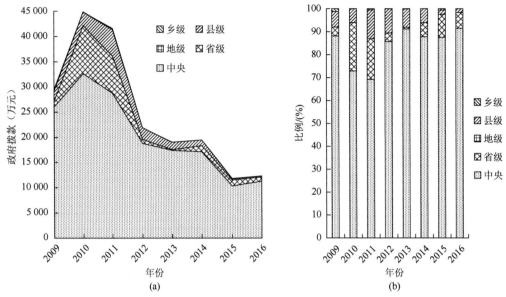

图 8-4　重庆市各级政府用于农村能源建设拨款数量（a）与所占的比例（b）

数据来源：《中国农业统计资料（2009～2016）》

2. 四川省

四川省对农村能源生态建设的政府资金投入在西南地区四省（直辖市）中最高，仅 2009 年的拨款就超过了 20 亿元。2009～2016 年的 8 年中各级政府总拨款 55.9 亿元，中央拨款仍是主要来源，占到 73%，但是四川省的各级地方政府拨款力度也相对较大，尤其是省级的拨款。在历年的变化中，中央拨款的比例除了 2009 年和 2011 年接近 80% 外，其他年份都在 70% 以内，2016 年已经降至 60% 以内（图 8-5）。

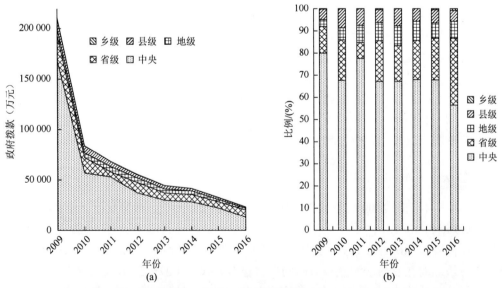

图 8-5　四川省各级政府用于农村能源建设拨款数量（a）与所占的比例（b）

数据来源：《中国农业统计资料（2009～2016）》

3. 贵州省

贵州省 2009～2016 年的各级政府在农村能源建设方面的拨款总额为 33.6 亿元，2009 年是高点，随后在 2012 年和 2014 年有两个小高峰。从来源组成上看，国家拨款仍是主要来源，8 年的总拨款中中央拨款占 66%，从历年的变化来看，只有 2014 年中央拨款所占比例在 50%，其他年份均在 60% 以上，贵州省级的拨款也是占比较大，但是地级以下的拨款占比较小（图 8-6）。

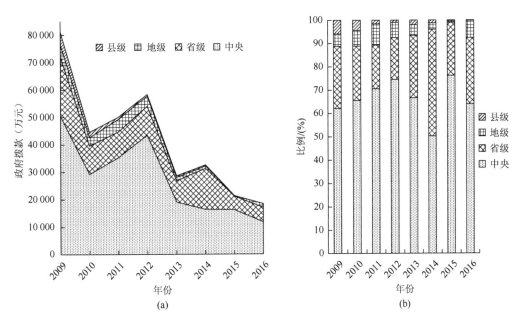

图 8-6　贵州省各级政府用于农村能源建设拨款数量（a）与所占的比例（b）

数据来源：《中国农业统计资料（2009～2016）》

4. 云南省

2009～2016 年云南省在农村能源方面的各级政府拨款总额为 27.6 亿元，分别在 2009 年、2014 年和 2016 年出现了三个小高峰。云南省是西南四省（直辖市）中地方投入比例最大的省份，从 2010 年开始，云南省省级投入加大，所占比例达到 50% 以上（图 8-7）。

8.1.3　沼气利用补贴

1. 沼气发电

沼气发电是沼气高值利用的重要手段，我国对生物质发电上网的电价进行一定的补贴，以激励市场，具体的政策如下。

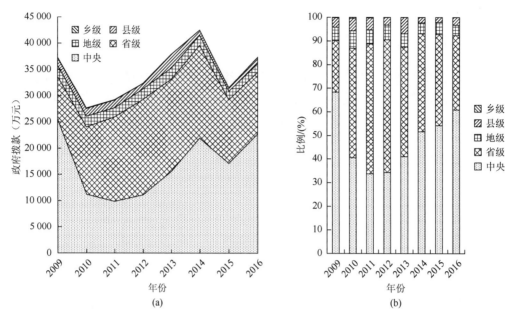

图 8-7　云南省各级政府用于农村能源建设拨款数量（a）与所占的比例（b）

数据来源：《中国农业统计资料（2009～2016）》

2006 年，国家发展和改革委员会发布《可再生能源发电价格和费用分摊管理试行办法》，生物质发电项目上网电价是由政府定价的，由国务院价格主管部门分地区制定标杆电价，电价标准由各省（自治区、直辖市）2005 年脱硫燃煤机组标杆上网电价加补贴电价组成。补贴电价标准为 0.25 元/千瓦时。发电项目自投产之日起，15 年内享受补贴电价；运行满 15 年后，取消补贴电价。自 2010 年起，每年新批准和核准建设的发电项目的补贴电价比上一年新批准和核准建设项目的补贴电价递减 2%。

2010 年，国家发展和改革委员会又发布《关于完善农林生物质发电价格政策的通知》，对农林生物质发电项目实行标杆上网电价政策。未采用招标确定投资人的新建农林生物质发电项目，统一执行标杆上网电价 0.75 元/千瓦时（含税，下同）。通过招标确定投资人的，上网电价按中标确定的价格执行，但不得高于全国农林生物质发电标杆上网电价。已核准的农林生物质发电项目（招标项目除外），上网电价低于上述标准的，上调至 0.75 元/千瓦时；高于上述标准的国家核准的生物质发电项目仍执行原电价标准。

2. 生物天然气

生物天然气指沼气提纯后达到天然气标准，即甲烷含量 95% 以上，和常规的化石天然气一样，可并入城市燃气管网或者作为车用燃气。从 2015 年开始在 3 年的实施期中，中央先后共支持了 65 个生物天然气试点工程。目前大部分的生物天然气工程仍处于建设阶段。

我国对规模化生物天然气工程（即日产气量大于 1 万立方米）试点项目建设补贴政策是每立方米生物天然气生产能力安排中央投资补助 2500 元，中央最高补贴为 4000 万元。

学者们也对我国生物天然气补贴政策进行了研究。例如，王建萍和冯连勇（2018）针对原料成本高、生物天然气消纳难和沼肥消纳难等 3 种问题进行分析，提出生物天热气的补贴方案：我国天然气单位补贴达到 2.5 元/米^3，或者有机肥补贴达到目前市价的 110%，可实现 7 年的投资回收期。

8.1.4　基于 PPP 模式的沼肥利用补贴

中央和地方政府补贴主要以沼气池及沼气工程基础设施的建设为主，虽然近年来开始对后续管理服务网点的建设等进行补贴，但是由于沼气等农村能源项目产生的直接经济效益有限，工程建成后用户使用的积极性较低，沼气工程闲置现象日益突出。三沼利用是问题的关键，尤其是沼液问题，大量沼液难以被消纳，利用效率低、利用方式粗放。2017 年国家发展和改革委员会、农业部印发的《全国农村沼气发展"十三五"规划》中提出"建立多元化投入机制"，"研究出台政府和社会资本合作（PPP）实施细则，完善行业准入标准体系，去除不合理门槛"。通过引入 PPP 模式，发挥财政资金杠杆作用，提高沼肥利用率，改善利用方式，破解沼肥还田困境，加强种养结合生态循环农业建设，实现农业可持续发展。

PPP 模式是公共基础设施中的一种项目融资模式。该模式鼓励私营企业、民营资本与政府进行合作，政府为增强公共产品和服务供给能力，提高供给效率，通过特许经营、购买服务、股权合作，与社会资本建立利益共享、风险分担及长期合作关系。公共财政能够通过少量的"引子"资金撬动民间资本进入农业领域。近年来，西南地区的一些县市已经开始了对 PPP 模式的探讨。

2014 年，四川省提出利用 PPP 模式推进畜禽粪污的资源化利用。《四川省财政厅推进政府和社会资本合作（PPP）试点工作推进方案》（川财办〔2014〕26 号）提出在各地自愿参与的原则上，积极开展试点工作，支持社会力量参与畜禽粪污"减量化、无害化、资源化、生态化"综合利用（谷晓明等，2017）。探索以政府农业主管部门作为项目发起人，以沼渣和沼液等畜禽粪污综合利用产品经销权为基础，以政府采购依法公开选择合作伙伴，以财政补贴为主要投资方式，以沼肥异地还田利用为主要形式的畜禽粪污肥料化利用 PPP 模式。

1. 四川省西充县 PPP 模式探索

西充县是四川省南充市下辖县，位于四川盆地北部丘陵地区，辖 15 镇、29 乡，县城距成都市区约 220 千米。全县人口 65 万人，其中农业人口 51.2 万人。截至 2016 年年底全县耕地面积 3.79 万公顷，粮食作物包括水稻、小麦、玉米和薯类，此外有部分外销蔬菜和水果，粮食作物总产量达 36.38 万吨。全年肉类总产量 5.85 万吨，其中猪肉产量 4.73 万吨。全年出栏生猪 67.58 万头、牛 0.71 万头、羊 10.35 万只；生猪年末存栏 51.69 万头；牛年末存栏 1.78 万头；羊年末存栏 11.17 万只。

根据西充县农村能源办公室提供的数据，截至 2015 年已经建有户用沼气池 2.68 万个，规模养殖小区沼气工程 110 处，大型沼气工程 7 处，全县每年产生沼肥 40 万吨。该县从 2010 年起就进行对沼肥综合利用新模式的探索，于 2014 年起被纳入四川省首批 PPP 模式推进畜禽粪污资源化利用试点，具体做法是：①财政补贴，在政府财政的资助下成立沼液农机运输农民专业合作社，负责全县范围沼液的转运。县财政一次性投入设备购置费 50

万元，加上整合其他资金购置了 12 台运输车，初步形成沼液转运能力。每年县财政补贴运输费用 60 万元，同时还积极争取其他涉农项目资金用于沼肥利用。②对沼液转运过程及收费全程监督。③完善施肥条件，在规模化种植园区建设沼液高位储存池、铺设浇灌管道，实现自动浇灌，目前转运沼液对规模化农业园区的浇灌面积已经达到 3 万多亩。

2. 四川省蒲江县 PPP 模式探索

蒲江县是成都市的西南门户，是全国生猪养殖大县，常年存栏生猪 45 万余头，年出栏生猪 100 万头，年产粪污约 120 万吨。其中存栏生猪 50 头以内的有 2.47 万户，50～500 头的有 3839 万户，500 头以上的有 15 户。

蒲江县 PPP 试点项目投资 565.625 万元，其中四川省财政补贴 250 万元，县级政府配套资金 12.5 万元，合作伙伴自筹 303.125 万元。财政资金以运输成本补贴为主，对于畜禽粪污的运输工具及粪污临时储存设施给予适当补助。其中，运输成本补助不超过 20 元/米^3，临时储存设施及运输设备补助不超过财政补助资金的 20%。公开选择 8 家社会投资人开展伙伴式合作，在 6 个乡镇试点，购置 5 辆 4 立方米的抽渣车，每车补贴 5 万元，共计 25 万元；修建 12 口 200 立方米的田间粪污储存池，每口补贴 2 万元，共计 24 万元，转运粪污每立方米政府补 20 元、养猪户筹 5 元、种植户筹 18 元，共组建综合利用服务队 26 个（谷晓明等，2017）。

3. 四川省邛崃市 PPP 模式探索

邛崃市地处四川盆地成都平原西南边缘，城区距成都 65 千米。全市辖 24 个乡镇，2016 年年末户籍总人口 65.66 万人，其中农业人口 42.53 万人。2016 年全市粮食播种面积 64.22 万亩。除了粮油作物和蔬菜生产外，也是成都地区主要的茶叶和水果生产基地。邛崃市生猪年末存栏 82.8 万头，出栏 152.0 万头；年末存栏奶牛 9200 头，存栏家禽 246 万羽，此外每年还出栏肉牛 2000 头、山羊 2.4 万只。截至 2015 年已经建有户用沼气池 2.48 万个，大中型沼气工程 219 座。2017 年，邛崃市通过"成都市财政补助＋邛崃市奖励资金追加＋业主自筹"的方式，推进成都市级沼气工程建设。邛崃市投资新建 8 立方米和 10 立方米的成都市级农村户用沼气池 100 口，项目总投资 51.01 万元，其中成都市级补助 18.25 万元，邛崃市奖励资金 4 万元，农户自筹 28.76 万元；新建成都市级养殖场大中型沼气工程 32 座，容积达 4000 立方米，项目总投资达 314.4 万元，其中成都市级财政补助 128 万元，邛崃市奖励资金 44 万元，业主自筹 142.4 万元。

从 2014 年起，该市结合面源污染治理，推进以沼液利用为抓手的种养循环新模式探索，经过两年的探索实践，取得明显的效果，其做法和经验得到省、市两级上级部门的肯定，于 2016 年起也争取到了四川省 PPP 项目经费的支持（图 8-8）。主要经验包括：①养殖场沼液"就地循环"与"异地循环"结合；②以政府补贴＋市场运作的方式引导成立 16 家沼液转运合作社；③市农村能源办公室负责日常协调管理，只对车辆的改装进行补贴，2 万元/辆，在沼肥利用方面，只对年利用量在 400 吨以上的种植户进行补贴，补贴费用为 8 元/吨，并发起组织微信圈"邛崃市种养循环工作群"，将沼液生产、使用和转运几方都联系起来，解决供需信息不对等的问题。

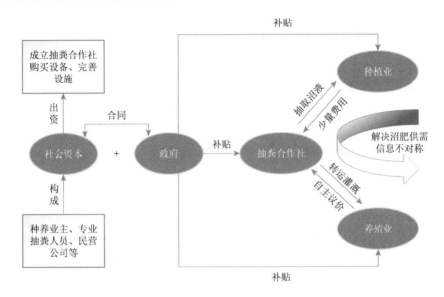

图 8-8 四川省邛崃市沼肥还田 PPP 模式（林赛男等，2017）

8.2 我国农村能源生态建设补偿机制存在的问题与新机制探索

我国农村能源建设工作的初衷主要是解决农村地区严重的能源短缺问题。近年来随着农业资源过度开发和生态环境问题等的日益凸显，农村能源建设重心也逐步转移到农业生态环境保护上。农业资源环境保护和农村能源建设工作，是促进农业生态文明建设、推动农业可持续发展的重要内容。从 20 世纪 90 年代开始，农村能源生态建设成为国家生态补偿政策的重要部分。

生态补偿是指以保护和持续利用生态系统服务为目的，由生态环境受益者向保护者提供补偿的社会经济活动。我国生态补偿萌生和初步发展于 20 世纪 80 年代初至 90 年代中后期。初期的生态补偿政策主要是矿产资源开发生态补偿政策及森林公益性生态效益补偿政策。进入 20 世纪 90 年代以来，我国生态环境问题日渐突出，政府加强了对生态环境保护的认识。我国的生态补偿也进入了快速发展阶段，生态补偿研究和实践领域扩展到流域生态补偿、区域生态补偿、自然保护区生态补偿等。农业生态补偿作为生态补偿的一个重要领域，是运用经济手段保护农业生态环境的重要措施。

农业生态补偿政策是以农业生态恢复和预防为目的的一种经济激励政策，是指为保护和改善农业生态环境，农业受益者对农业生态保护者进行多种方式利益补偿的一种政策性安排。近年来，随着农业生态环境不断恶化，我国政府越来越重视农业生态环境的治理问题，制定了一系列的政策法规，引导农业生态环境治理，补偿包括大型生态建设工程、农田保护、水资源利用和农村新能源等领域。到目前为止，我国农业生态补偿政策实施已获得了较为明显的环境效益和社会效益。农民的生态保护意识有所增强，改善了农业的生态和生产环境，不断提高耕地的综合经营效益，还促进了部分地区产业结构调整，促进了农业增效、农民增收。

8.2.1　我国能源生态建设现有补偿政策存在的问题分析

1. 补偿对象以基础设施为主，管理运行方面的补偿较少

我国各级政府对沼气等农村能源的资助范围主要以沼气池和沼气工程的建设为主，虽然近年来开始对后端的服务点建设进行补贴，但是仍以硬件建设为主，在具体的运转环节补贴较少；虽然近年来有 PPP 模式在尝试对运转环节的补贴，但是仍处于发展阶段。

2. 补偿资金来源渠道、补偿主体仍较为单一，一些潜在的主体未被激活

我国能源生态建设的生态补偿机制中最基本的补偿方式之一是政府补偿。但是政府作为应然主体，仍没能充分到位，并且市场作为潜力主体，还远远未被激活。从农业生态环境服务价值中受益的企业和利益集团也应是义不容辞的补偿主体，但大多数不能承担应负的补偿责任。农民也应该成为自觉补偿主体，但因为中国农民自身存在的整体生活水平低下、受教育程度不高及环保意识薄弱等因素，当前还未能成为农业生态环境补偿的自觉力量。

我国农业生态环境补偿的筹资渠道单一，缺乏良性的投资融资机制，目前投入主要以国家为主，没有有效地运用市场手段和调动社会各界的积极性。并且国家作为补偿者的单一主体，补偿金未能体现奖惩原则，缺乏激励机制。补偿金全部来源于财政拨款，没有真实体现"谁受益、谁补偿"和"谁破坏、谁补偿"的原则，也不利于预防农业生态环境破坏。

3. 补偿方式比较单一，补偿途径不完善

我国农村能源生态建设的补偿途径以直接补偿为主，与其他方面的农业生态补偿类似，农村能源生态建设方面的生态补偿长期停留在政府专项资金直接投入"输血式"补偿层面上，而没有上升到可以根本解决农业生态问题的"造血式"补偿层面。表现在很多用户在政府的补贴下建成沼气工程后，使用的积极性不高。由于沼气产生的直接经济效益较低，农民的收入得不到保障，大大影响了其保护当地农业生态环境的积极性，生态建设的成果也得不到巩固。补偿措施单一，没有建立合理持续的财政转移支付机制、农业资源费补偿与分配机制，以及缺乏强有力的政府支持。补偿的方式也仅为资金补偿和实物补偿，缺乏相应的政策补偿和智力补偿，没有形成连续性补偿机制。

8.2.2　我国能源生态建设的生态补偿新机制探索

1. 农村能源清洁发展机制项目

户用沼气池和沼气工程等农村能源生态建设项目直接经济效益不高，在清洁发展机制（clean development mechanism，CDM）下通过出售减排权（certified emission reduction，CERs），经济性可得到一定的改善。CDM 是在《京都议定书》框架下用以帮助发达国家

和企业实现温室气体减排目标的三个灵活机制之一，CDM 促进了全球碳交易市场的形成，为利用市场机制实现低碳目标开辟了道路。沼气技术具有温室气体减排效果，通过在 CDM 下出售温室气体减排量，可以获得额外经济收益，使经济性得到改善。

四川省于 2014 年率先开发农村沼气 CDM 项目，参与项目沼气用户 39 万户，已签发减排量 100 万吨左右，占全球同类项目的 70%，项目农户和减排量位居全国第一。2017 年四川省农村沼气碳减排项目再次在国际碳汇市场成功交易，33 万农户获减排收益 100 余万欧元（1 欧元 = 7.8069 元人民币），2015 年以来累计减排总收益达 213 万欧元。四川省 CDM 项目农户已累计获得收益 762 万元，参与农户户均 28 元，还将在 10 年的项目开发期内持续增收。四川省已开发碳减排项目的户用沼气池有 53 万口，年碳减排量可达 100 多万吨，对推动农村地区节能和温室气体减排工作的顺利开展，建立以建促用、以用促收、以收促管的良性循环机制，破解户用沼气后续管护的全国性难题发挥了重要作用。

除了户用沼气外，一些畜禽养殖场沼气工程、太阳能灶、省柴炉灶和小水电等农村能源利用项目也进行了碳减排交易。

另外，除了通过 CDM 项目进行国际碳减排交易外，国内的也可以通过中国核证自愿减排量（Chinese certified emission reduction，CCER）项目进行交易，获得一定的经济效益。例如，四川省于 2016 年通过国家发展和改革委员会评审成功备案的项目含 14 万户农户，已签发第一期 10 万吨减排量，成功实现了 1000 吨减排量交易。

2. 其他生态补偿机制探讨

直接经济效益低是影响沼气等农村能源生态利用技术正常运行并市场化的关键问题之一。CDM 项目虽然可以使农村能源生态项目增加一部分的经济收益，但是所获得的收益仍相对有限。CDM 项目只是碳减排的交易，界限为能源利用技术本身，并不包含后端副产物的利用，如沼气技术并不包括沼渣和沼液利用对氮磷的减排。

农村能源生态建设所构建的农村能源生态系统是一种农业生态系统，农业生态系统既可以是碳源又可以是碳汇。农业废弃物（粪便、秸秆等）沼气化处理后将堆肥产品、沼渣沼液作为有机肥回用到农田中，构建农业种养结合模式，可促进土壤有机质的提升，实现农业增汇减排。《巴黎协定》提出了要实现全经济链上的温室气体减排，而不是某一阶段的减排。通过构建这种农业种养结合模式，服务于全经济链碳减排。农业种养结合模式的优势在于资源的高效利用及对环境的友好发展，它以"减量化、再利用、再循环"为原则，倡导资源减量化和循环利用。因此，需要扩大 CDM 项目的界限，以获得更大的碳交易收益。白玫（2017）构建了以沼气工程为中心连接奶牛场与种植系统的种养结合模式小规模 CDM 项目的方法学，通过计算，一个存栏 500 头的奶牛场可以通过 CDM 项目获得 15 万元以上的收益。

此外，在种养结合过程中不仅对碳进行了削减，也对氮、磷等污染物进行了再利用，减少了排放。因此，也应该将氮、磷等碳以外的污染物的减排进行效益转化，增加经济收入。参考城市垃圾收集和污水处理政策，通过政府采购和专营招标的方式，让沼气工程业主同样获得原料收集和处理的财政补贴，也是一个值得探讨的途径。

8.3　农村能源生态建设产业前景分析

8.3.1　农村能源产业化发展现状

近年来，农村能源产业总体表现出良好的发展态势，生物质发电和成型燃料产业技术有较大的进步，沼气产业步入转型升级新阶段，太阳能热利用产业发展速度有所放缓，小型电源产业方兴未艾。

图 8-9 为我国农村能源 2012～2016 年总产值的变化情况，总体呈先上升再下降的趋势，总产值在 2014 年达到最高，随后下降，2016 年我国农村能源总产值 282.1 亿元，为近五年最低，企业数量为 4828 个，从业人员 18.9 万人，同样处于五年的最低水平（图 8-10）。

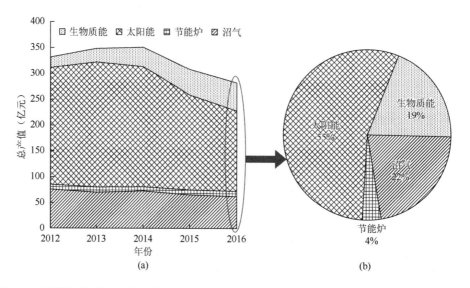

图 8-9　农村能源产值历年变化情况（a）和 2016 年不同类型农村能源总产值所占的比例（b）

数据来源：《农业资源环境保护与农村能源发展报告（2013～2017）》

从不同类型的农村能源来看，太阳能产业的产值所占比例最大，占 55%；其次是沼气产业，占 22%；除沼气外的生物质能产业占 19%；节能炉产业比例最低，仅占 4%。

从不同产业的发展变化来看，太阳能降低幅度最大，沼气和节能灶都表现出一定程度的下降，而生物质能（沼气除外）一直保持上升趋势。企业数量和从业人数也表现出相同的趋势（图 8-10）。

上述农村能源市场所表现的发展趋势一方面是因为前些年快速的发展，农村能源市场出现阶段性的饱和（如农村户用沼气基本上饱和），另一方面是国家政策出现一些变化，国家补贴减少，市场做出了相应的响应。

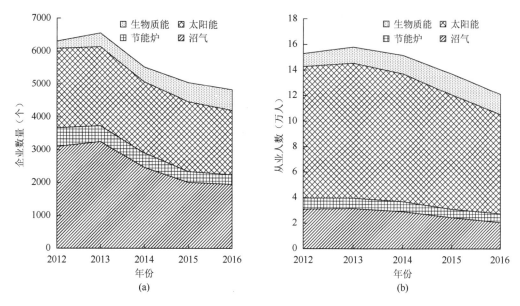

图 8-10 农村能源企业（a）和从业人数（b）数量变化

数据来源：《农业资源环境保护与农村能源发展报告（2013～2017）》

从总体来看，农村能源市场仍有巨大的发展潜力，农村能源贫困问题依然存在，农村能源消耗在全国能源消费中所占比例较低，农村能源消耗中的商品能源仅占全部能源消费的 2/3 左右，农村能源供给不足，消费需求难以得到有效满足，尤其是在中国西部山区；低品质能源仍在我国农村能源中占较大比例，环境问题仍然较为严重；农村能源基础设施仍然薄弱，技术开发资金投入不足，现代化、规模化运营水平低，能源普遍服务能力不足。农村能源会向更为高效的、更为清洁的能源方向发展，如电能和生物天然气等将是重要的发展方向，应大力发展。

8.3.2 农村能源生态建设产业发展前景分析

直接经济效益低和沼气经营主体积极性不高是目前沼气等农村能源利用技术发展存在的主要问题。进行农村能源生态建设，构建农村能源生态系统，将环境效益转化为经济效益是解决当前农村能源困境的有效途径。让专业人做专业事，发展专业化的运营管理主体是重要的方向。

如 8-11 所示，目前的沼气产业主要是在政府投资下建设的，在原料收集和产品利用方面收取一定的费用以获得直接的经济效益，虽然目前有多种收取费用的渠道，但是由于大多数的沼气工程规模较小，且分布不集中，养殖业主或小型的合作社或公司作为经济主体，收取费用的渠道有限，收益较低，难以维持运行。成立第三方专业的运营机构，将沼气技术综合利用拥有的环境效益转化为经济效益，从多渠道创收，保证利润才是解决问题的根本途径。

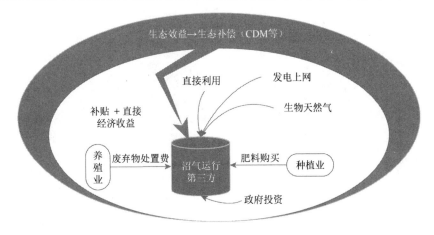

图 8-11　以沼气为中心的能源生态系统建设

　　总体来讲，农村能源生态建设在农村能源利用、发展绿色农业、发展农村循环经济和保护农村生态环境方面仍有重要的作用，有广阔的发展空间，但是要注意如下几个方面：①因地制宜，立足地域禀赋，充分挖掘能源利用潜力，发展多能互补的分布式能源系统。②让专业人做专业事，专业机构进行管理运营。③注重以能源技术为中心的生态系统建设，改善生态环境、发展循环经济。④开展多渠道的生态补偿，将环境效益转化为经济效益。⑤国家出台适宜的政策进行保障。

参 考 文 献

安国英，周璇，温静，等. 2016. 西南地区石漠化分布、演变特征及影响因素[J]. 现代地质，30（5）：
    1150-1159.

白玫. 2017. 种养结合模式小规模 CDM 项目方法学研究[D]. 太原：太原理工大学.

蔡萍，冉毅. 2017. 农村沼气建设条例、管理办法[M]. 北京：经济管理出版社.

曹林奎. 2011. 农业生态学原理[M]. 上海：上海交通大学出版社.

曹秀玲. 2012. 玉溪市农村户用沼气池效益评价[J]. 云南农业科技，（s1）：129-130.

陈冠益，马隆龙，颜蓓蓓. 2017. 生物质能源技术与理论[M]. 北京：科学出版社.

郗秦阳，张晓东，吕乐，等. 2014. 什邡市玉马沼气集中供气项目的价值研究[J]. 可再生能源，32（8）：
    1220-1224.

重庆市人民政府第二次全国农业普查领导小组办公室，重庆市统计局，国家统计局重庆调查总队. 2008.
    重庆市第二次全国农业普查主要数据公报[R].

重庆市人民政府第三次全国农业普查领导小组办公室，重庆市统计局，国家统计局重庆调查总队. 2018.
    重庆市第三次全国农业普查主要数据公报[R].

丛宏斌，赵立欣，王久臣，等. 2017. 中国农村能源生产消费现状与发展需求分析[J]. 农业工程学报，
    33（17）：224-231.

崔娥. 2016. 关于农村能源发展的几点思考[J]. 生物技术世界，（4）：57.

崔文文，梁军锋，杜连柱，等. 2013. 中国规模化秸秆沼气工程现状及存在问题[J]. 中国农学通报，
    （11）：121-125.

崔宗均. 2011. 生物质能源与废弃物资源利用[M]. 北京：中国农业大学出版社.

邓良伟，等. 2015. 沼气工程[M]. 北京：科学出版社.

邓良伟，王文国，郑丹. 2017. 猪场废水处理利用理论与技术[M]. 北京：科学出版社.

第一次全国污染源普查资料编纂委员会. 2011. 第一次全国污染源普查资料文集全国污染源普查数据集[M].
    北京：中国环境科学出版社.

杜梦晨. 2018. 基于系统动力学的我国能源贫困影响因素研究[D]. 昆明：云南财经大学.

董敏，何俊，许彦红，等. 2017. 能源树种麻风树产业发展回顾和分析[J]. 林业资源管理，（1）：12-18.

段绍卫，邱苗. 2017. 西双版纳州农村能源发展现状及对策[J]. 云南农业，（7）：75-78.

高春雨，毕于运，赵世明，等. 2008. "五配套"生态家园模式经济效益评价——以陕西省洛川县"果-
    畜-沼-窖-草"模式为例[J]. 中国生态农业学报，16（5）：1287-1292.

高尚宾，张克强，方放，等. 2011. 农业可持续发展与生态补偿：中国-欧盟农业生态补偿的理论与实
    践[M]. 北京：中国农业出版社.

郜慧，周传斌，王如松. 2014. 西南山区农村生物质能有效利用模式及其效益分析——以户用沼气生态
    庭院模式为例[J]. 中国人口·资源与环境，24：92-97.

耿维，胡林，崔建宇，等. 2013. 中国区域畜禽粪便能源潜力及总量控制研究[J]. 农业工程学报，
    29（1）：171-179.

谷晓明，邢可霞，易礼军，等. 2017. 农村养殖户畜禽粪污综合利用的公共私营合作制（PPP）模式分
    析[J]. 生态与农村环境学报，（1）：62-69.

贵州省第三次全国农业普查领导小组办公室，贵州省统计局，国家统计局贵州调查总队. 2018. 贵州省

第三次全国农业普查主要数据公报[R].

贵州省农业普查领导小组办公室, 贵州省统计局, 国家统计局贵州调查总队. 2008. 贵州省第二次农业普查主要数据公报[R].

国家环境保护总局. 2001. 畜禽养殖业污染物排放标准[S]. （GB 18596—2001）.

国家环境保护总局. 2002. 城镇污水处理厂污染物排放标准[S]. （GB 18918—2002）.

国家统计局. 2007～2017. 中国统计年鉴 2007～2017[M]. 北京: 中国统计出版社.

国家统计局能源统计司. 2008～2017. 中国能源统计年鉴 2008～2017[M]. 北京: 中国统计出版社.

国家统计局农村社会经济调查司. 2007～2017. 中国农村统计年鉴 2007～2017[M]. 北京: 中国农业出版社.

国家住宅与居住环境工程技术研究中心, 能源环境研究室. 2012. 中国农村生活能源发展报告[R]. 北京: 科学出版社.

国务院第三次全国农业普查领导小组办公室, 中华人民共和国国家统计局. 2008. 第二次全国农业普查主要数据公报[R].

国务院第三次全国农业普查领导小组办公室, 中华人民共和国国家统计局. 2017. 第三次全国农业普查主要数据公报[R].

韩智勇, 梅自力, 孔垂雪, 等. 2015. 西南地区农村生活垃圾特征与群众环保意识[J]. 生态与农村环境学报, （3）: 314-319.

贺普春, 张红丽. 2018. 四川地区农村居民冬季用能调查研究[J]. 建筑热能通风空调, 37 （11）: 84-87.

胡启春, 汤晓玉, 王文国, 等. 2015. 典型村庄规模沼气集中供气站运行情况调查分析[J]. 中国沼气, 33 （6）: 63-67.

胡启春, 孙家宾, 汤晓玉, 等. 2016. 四川沼液流转新模式调查分析[J]. 中国沼气, 34 （3）: 85-89.

胡振鹏, 胡松涛. 2006. "猪-沼-果" 生态农业模式[J]. 自然资源学报, 21 （4）: 638-644.

黄爱玲, 刘文琦, 覃舟. 2015. 农村生活垃圾资源化处理模式探讨[J]. 中国人口·资源与环境, （s1）: 35-37.

黄邦汉, 李泉临. 1999. 中国沼气利用之嚆矢——罗国瑞及其瓦斯 "神灯" 明灭的启示[J]. 中国农史, 8 （1）: 102-106.

黄景威, 刘通, 肖勇, 等. 2016. 云南省大中型沼气工程建设现状及发展对策研究[J]. 中国沼气, 34 （6）: 91-94.

霍飞. 2010. 我国农业生态环境补偿制度研究[D]. 南京: 南京农业大学.

金成功. 1987. 长江农场沼气工程的技术改造和经济效益[J]. 中国沼气, （4）: 30-32.

金海峰, 王永江. 2015. 农村新能源实用技术[M]. 北京: 中国农业科学技术出版社.

金小琴. 2016. 农村户用沼气项目实施效果评价——基于四川省实证[J]. 农村经济, （8）: 90-94.

寇建平, 毕于运, 赵立欣, 等. 2008. 中国宜能荒地资源调查与评价[J]. 可再生能源, 26 （6）: 3-9.

雷刘功, 袁惠民. 2016. 中国农业年鉴 2016[M]. 北京: 中国农业出版社.

李建昌. 2016. 沼气技术理论与工程[M]. 北京: 清华大学出版社.

李景明, 李冰峰, 徐文勇. 2018. 中国沼气产业发展的政策影响分析[J]. 中国沼气, 36 （5）: 4-10.

李培林, 杨自光, 刘艳舒, 等. 2012. 西山区沼气池建设现状调查[J]. 云南农业, （11）: 40-41.

李珊珊, 董海荣, 许亚男, 等. 2015. 农户对作物秸秆资源化利用及影响因素分析——以河北省沧州市耿官屯村秸秆气化技术利用为例[J]. 江苏农业科学, 43 （4）: 447-450.

李文华. 2008. 生态系统服务功能价值评估的理论、方法与应用[M]. 北京: 人民大学出版社.

李希希. 2015. 重庆地区农村分散型生活污水处理现状及其技术适应性研究[D]. 重庆: 西南大学.

李颖之, 李谨成, 扈强, 等. 2018. 武隆县烟区施用草木灰对烟草产质量的影响[J]. 乡村科技, （23）: 81-83.

梁育填, 樊杰, 孙威, 等. 2012. 西南山区农村生活能源消费结构的影响因素分析——以云南省昭通市为例[J]. 地理学报, 67 （2）: 221-229.

林赛男，李冬梅，冉毅，等. 2017. 沼肥还田的公共私营合作制（PPP）模式浅析——以邛崃市为例[J]. 中国沼气，35（6）：89-93.

林涛，梁贤，陈伟超，等. 2012. 我国农村沼气服务的 20 种模式[J]. 中国资源综合利用，（12）：48-51.

刘洁. 2009. 健全农业生态环境补偿制度初探[J]. 辽宁工程技术大学学报（社会科学版），11（4）：345-347.

刘晓永，李书田. 2017. 中国秸秆养分资源及还田的时空分布特征[J]. 农业工程学报，33（21）：1-19.

刘震宇，潘贵国，韩亚军，等. 2009. 关于西部农村沼气物业化管理的探讨[J]. 现代农业科技，（5）：269-271.

刘尊梅. 2012. 中国农业生态补偿机制路径选择与制度保障研究[M]. 北京：中国农业出版社.

卢政民. 1991. 大洼县创立北方庭院生态农业新模式[J]. 辽宁农业科学，（2）：4-5.

陆剑，刘贤锋，李淑蓉，等. 2017. 贵阳市乌当区农村沼气综合利用及效益分析[J]. 农技服务，34（13）：163.

麻明可. 2015. 农产品加工废弃物厌氧发酵特性的研究[D]. 哈尔滨：东北农业大学.

马丽，夏建新. 2010. 南北方农牧区农村生活能源利用现状及对策分析——以云南兰坪县、香格里拉县和内蒙古通辽地区为例[J]. 可再生能源，28（4）：112-117.

梅旭荣，朱昌雄. 2018. 典型村镇饮用水安全保障技术[M]. 北京：中国建筑工业出版社.

闵三弟. 1990. 不同发酵材料对甲烷杆菌合成维生素 B_{12} 的影响[J]. 微生物学杂志，（1-2）：86-87，85.

农业部科技教育司. 2008. 中国农村能源年鉴（2000~2008）[M]. 北京：中国农业出版社.

农业部科技教育司. 2013. 中国农村能源年鉴（2009~2013）[M]. 北京：中国农业出版社.

农业部农业生态与资源环境保护总站. 2013. 农业资源环境保护与农村能源发展报告 2013. 北京：中国农业出版社.

农业部农业生态与资源环境保护总站. 2014. 农业资源环境保护与农村能源发展报告 2014. 北京：中国农业出版社.

农业部农业生态与资源环境保护总站. 2015. 农业资源环境保护与农村能源发展报告 2015. 北京：中国农业出版社.

农业部农业生态与资源环境保护总站. 2016. 农业资源环境保护与农村能源发展报告 2016. 北京：中国农业出版社.

农业部农业生态与资源环境保护总站. 2017. 农业资源环境保护与农村能源发展报告 2017. 北京：中国农业出版社.

彭春艳，罗怀良，孔静. 2014. 中国作物秸秆资源量估算与利用状况研究进展[J]. 中国农业资源与区划，（3）：14-20.

彭珂珊. 2001. 农业可持续发展的作用和意义[J]. 科学新闻，（40）：19-20.

蒲昌权，万崇东，张乃华，等. 2008. 三峡重庆库区农村户用沼气建设项目经济效益比较分析[J]. 现代农业，（8）：41-43.

邱凌. 1998. 渭北旱塬果园"五配套"生态模式效益评价[J]. 可再生能源，（1）：24-27.

邱凌. 2001. "五配套"生态果园工程模式优化设计[J]. 可再生能源，（3）：14-16.

四川省第二次全国农业普查领导小组办公室，四川省统计局. 2007. 四川省第二次全国农业普查主要数据公报[R].

四川省第三次全国农业普查领导小组办公室，四川省统计局. 2017. 四川省第三次全国农业普查主要数据公报[R].

孙建国，李景明，安家璇，等. 2006. 农村沼气建设在公共卫生工作中的作用研究[J]. 中国健康教育，22（11）：822-825.

孙威，韩晓旭，梁育填. 2014. 能源贫困的识别方法及其应用分析——以云南省怒江州为例[J]. 自然资源学报，（4）：575-586.

唐艳芬，王宇欣. 2013. 大中型沼气工程设计与应用[M]. 北京：化学工业出版社.

田若蘅，黄成毅，邓良基，等. 2018. 四川省化肥面源污染环境风险评估及趋势模拟[J]. 中国生态农业学报，26（11）：1739-1751.

万军，张惠远，王金南，等. 2005. 中国生态补偿政策评估与框架初探[J]. 环境科学研究，18（2）：1-8.

汪百义，白俊贵，卢政民. 1992. 王京平庭院生态农业模式效益分析[J]. 农业环境科学学报，（3）：143.

王定海，张志坚，王林，等. 2012. 沼气池在血吸虫病传染源控制中的作用[J]. 寄生虫病与感染性疾病，10（1）：26-28.

王火根，翟宏毅. 2016. 农业循环经济的研究综述与展望[J]. 华中农业大学学报（社会科学版），（4）：59-66.

王建萍，冯连勇. 2018. 基于我国生物天然气项目的补贴政策模拟分析[J]. 再生资源与循环经济，（8）：13-15.

王久臣，方放，王飞. 2015. 中国农村能源生态建设实践与探索[M]. 北京：中国农业出版社.

王萍，朱敏. 2018. 农户可再生能源选择的影响因素分析[J]. 可再生能源，36（7）：158-162.

王素霞，周向红，刘婷，等. 2012. 少数民族的安全饮用水、卫生设施和能源贫困评估——以阿坝藏族羌族自治州为例[C]//第七届（2012）中国管理学年会公共管理分会场论文集（选编）.

王亚静，毕于运，高春雨. 2010. 中国秸秆资源可收集利用量及其适宜性评价[J]. 中国农业科学，43（9）：1852-1859.

王义超，王新. 2011. 建国前后中国推广利用沼气技术的不同特点[J]. 农业科技管理，30（2）：32-36.

王艺鹏，杨晓琳，谢光辉，等. 2017. 1995～2014年中国农作物秸秆沼气化碳足迹分析[J]. 中国农业大学学报，22（5）：1-14.

魏楚，韩晓. 2018. 中国农村家庭能源消费结构：基于 Meta 方法的研究[J]. 中国地质大学学报（社会科学版），（6）：23-35.

魏东洋，于涛，刘芬，等. 2011. 清洁发展机制（CDM）对中国农村沼气工程经济性影响[J]. 干旱区资源与环境，25（1）：176-179.

吴燕红，曹斌，高芳，等. 2008. 滇西北农村生活能源使用现状及生物质能源开发利用研究——以兰坪县和香格里拉县为例[J]. 自然资源学报，23（5）：781-789.

夏文彧. 1988. 中国利用沼气的历史考察和思考[J]. 自然辩证法通讯，（4）：39-44.

肖清清. 2012. 喀斯特山区农村循环经济型庭院发展典型模式研究[D]. 重庆：重庆师范大学.

谢晓慧，林郁，李茂萱，等. 2008. 云南农村沼气建设与碳汇交易研究——基于减少薪柴消耗对减排CO_2的贡献分析[J]. 西南农业学报，21（3）：870-874.

邢红，赵媛，王宜强. 2015. 江苏省南通市农村生物质能资源潜力估算及地区分布[J]. 生态学报，35（10）：3480-3489.

杨京平，祁真，李金文. 2009. 生态农业工程[M]. 北京：中国环境科学出版社.

杨开鉴，杨从容. 1984. 集中供应沼气的若干技术和管理问题[J]. 中国沼气，（2）：38-40.

杨敏. 2011. 四川农村沼气池建设投资的经济效益研究[D]. 雅安：四川农业大学.

杨涛，朱博文，王雅鹏. 2003. 西南地区土地资源利用问题与对策探讨[J]. 中国人口·资源与环境，13（5）：88-91.

杨再，洪子燕，王占彬，等. 1988. 生态畜牧业是发展畜牧经济的方向[J]. 家畜生态学报，（1）：15-20.

杨志敏，陈玉成，陈庆华，等. 2011. 户用沼气对三峡库区小流域农业面源污染的削减响应分析[J]. 水土保持学报，25（1）：114-118.

杨子尧，王云琦. 2014. 四川农村户用沼气温室气体减排量估算与能源环境效益分析[J]. 中国农学通报，30（29）：229-233.

盈斌，王琦，熊康宁，等. 2018. 典型喀斯特山区农业生物质能潜力估算——以贵州省为例[J]. 生态学报，38（21）：7688-7698.

余坤，杨映礼，尹芳，等. 2018. 漾濞县农村户用沼气发展现状及对策[J]. 现代农业科技，（1）：172-173.

袁红辉. 2017. 云南省农村户用沼气建设的思考[J]. 农业科技与信息，（14）：15-18.

袁玲，甘淑，李文昌. 2018. 山区县域乡村能源贫困测度分析——以云南省宣威市为例[J]. 昆明理工大学学报（社会科学版），18（5）：63-69.

云南省第二次全国农业普查领导小组办公室，云南省统计局. 2008. 云南省第二次全国农业普查主要数据公报[R].

云南省第三次全国农业普查领导小组办公室，云南省统计局. 2018. 云南省第三次全国农业普查主要数据公报[R].

张百良. 1988. 农村能源统计方法[J]. 可再生能源，（3）：14-15.

张登亮. 2006. 加快宁蒗县农村沼气建设以保护森林资源[J]. 林业调查规划，31（s2）：239-240.

张铁亮，张莉敏，王敬，等. 2017. 天津市农村可再生能源管理障碍分析与政策选择[J]. 农学学报，7（8）：77-81.

张铁亮，周其文，王敬，等. 2015. 新形势下河北省农村可再生能源管理与政策研究[J]. 中国环境管理，7（5）：67-72.

张艳丽，赵立欣，王飞，等. 2007. 中国沼气物业化管理服务模式研究[J]. 农业工程技术（新能源产业），（6）：27-31.

张忠朝. 2014. 农村家庭能源贫困问题研究——基于贵州省盘县的问卷调查[J]. 中国能源，36（1）：29-33，39.

赵建球. 2003. 论恭城瑶族自治县农村能源开发与经济发展[J]. 中共桂林市委党校学报，3（1）：55-57.

赵立欣，孟海波，姚宗路. 2011. 中国生物质固化成型燃料技术和产业[J]. 中国工程科学，13（2）：78-82.

赵盼弟. 2015. 石漠化农村基于种养的再生能源清洁循环利用的技术与示范[D]. 贵阳：贵州师范大学.

赵盼弟，肖时珍，熊康宁，等. 2015. 喀斯特山区农村生活能源利用现状及对策——以贵州毕节撒拉溪示范区为例[J]. 信阳师范学院学报（自然科学版），（2）：209-213.

赵雪雁，陈欢欢，马艳艳，等. 2018. 2000～2015年中国农村能源贫困的时空变化与影响因素[J]. 地理研究，37（6）：1115-1126.

郑祥江. 2016. 西南地区农村劳动力外出务工对农业生产的影响研究[D]. 雅安：四川农业大学.

郑学敏，付立新. 2010. 农业循环经济发展研究[J]. 经济问题，（3）：81-85.

中国畜牧兽医年鉴编辑委员会. 2017. 中国畜牧兽医年鉴 2008～2017[J]. 北京：中国农业出版社.

中国气象局. 2006. 中国气象地理区划手册[M]. 北京：气象出版社.

中国生态补偿机制与政策研究课题组. 2007. 中国生态补偿机制与政策研究[M]. 北京：科学出版社.

中华人民共和国国家质量监督检验检疫总局，中国国家标准化管理委员会. 2005. 农田灌溉水质标准[S].（GB 5048—2005）.

中华人民共和国国家质量监督检验检疫总局，中国国家标准化管理委员会. 2016. 户用沼气池设计规范[S].（GB/T 4750—2016）.

中华人民共和国国家质量监督检验检疫总局，中国国家标准化管理委员会. 2016. 户用沼气池施工操作规程[S].（GB/T 4752—2016）.

中华人民共和国国家质量监督检验检疫总局，中国国家标准化管理委员会. 2016. 户用沼气池质量检查验收规范[S].（GB/T 4751—2016）.

中华人民共和国环境保护部. 2009. 畜禽养殖业污染治理工程技术规范[S].（HJ497—2009）.

中华人民共和国农业部. 2001. 户用农村能源生态工程北方模式设计施工和使用规范[S].（NY/T 466—2001）.

中华人民共和国农业部. 2001. 户用农村能源生态工程南方模式设计施工与使用规范[S].（NY/T 465—2001）.

中华人民共和国农业部. 2005. 生物质气化集中供气站建设标准[S].（NYJ/T 09—2005）.

中华人民共和国农业部. 2006. 规模化畜禽养殖场沼气工程设计规范[S].（NY/T 1222—2006）.

中华人民共和国农业部. 2006. 规模化畜禽养殖场沼气工程运行、维护及其安全技术规程[S]. （NY/T 1221—2006）.

中华人民共和国农业部. 2009. 农村清洁工程典型模式[M]. 北京：中国农业出版社.

中华人民共和国农业部. 2012. 秸秆沼气工程工艺设计规范[S]. （NY/T 2142—2012）.

中华人民共和国农业部. 2013. 户用农村能源生态工程西北模式设计施工与使用规范[S]. （NY/T 2452—2013）.

中华人民共和国农业部. 2013. 农村沼气集中供气工程技术规范[S]. （NT/T 2371—2013）.

中华人民共和国农业部. 2016. 中国农业统计资料（2006～2016）[M]. 北京：中国农业出版社.

周建斌. 2011. 生物质能源工程与技术[M]. 北京：中国林业出版社.

Liang S，Seto E Y W，Remais J V，et al. 2007. Environmental effects on parasitic disease transmission exemplified by schistosomiasis in western China[J]. Proceedings of the National Academy of Sciences，104（17）：7110-7115.

Liu Y，Dong J，Liu G，et al. 2015. Co-digestion of tobacco waste with different agricultural biomass feedstocks and the inhibition of tobacco viruses by anaerobic digestion[J]. Bioresource Technology，189：210-216.

World Health Organization（WHO）. 2006. Fuel for life：Household energy and health[R]. Geneva：WHO.

Xia A，Murphy J D. 2016. Microalgal cultivation in treating liquid digestate from biogas systems [J]. Trends in Biotechnology，34（4）：264-275.